JN295461

カドミウムと土とコメ

―Cadmium Pollution of Soils and Rice―

浅見輝男

アグネ技術センター

はじめに

　1960〜1970年当時の日本は，マスコミ等によって公害列島と呼ばれ，激しい公害が誰の目にも明らかに認められていた．その頃「四大公害裁判」が提訴され，裁判が続いていた．それらはカドミウム汚染による「イタイイタイ病」，有機水銀汚染による「水俣病」と「新潟水俣病」および亜硫酸ガス汚染による「四日市ぜん息」である．

　これら有害物質による公害はいまだに解決されていない．イタイイタイ病と水俣病は患者認定をめぐり，いまだに係争中である．しかも，カドミウム汚染，有機水銀汚染および大気汚染について極端な高濃度汚染はなくなったと言われているが，低濃度汚染は広範囲に広がっている．

　イタイイタイ病よりも水俣病の方が一般によく知られているようである．その理由は，まず，患者数の違いである．水俣病の認定患者と総合対策医療事業で一定の救済を受けている人数は熊本県，鹿児島県，新潟県を合わせて約12000人である．一方，イタイイタイ病の認定患者およびその疑いのある要観察者は521人であり，しかもほとんどの患者は亡くなって，現在，生存者はたった7人である．また，イタイイタイ病患者が中高年の女性であるのに対して，水俣病には胎児を含めた子どもから大人まで罹患しており，写真集やルポルタージュ，小説などによって水俣病の悲惨さが広く知れわたっているからであろう．

　カドミウムで汚染された農地も『農用地土壌汚染防止法』に基づいてその修復作業が進んでおり，カドミウム汚染－イタイイタイ病はすでに過去の公害問題と考える向きもあると考えられる．しかし，カドミウム汚染公害はすぐれて今日的－将来的な問題である．水俣病の原因物質である有機水銀の摂取は主として副食である魚由来であるのに対して，カドミウムは日本人の主食であるコメからの摂

取がその摂取量の約半分を占めている．従来，カドミウム汚染源は主として非鉄金属鉱山製錬所であったが，使用量の増加とともに汚染源が多様化し，カドミウムを含む製品の製造工場・使用過程，またそれらの廃棄過程（焼却場など）からの放出が問題になっている．事実，いわゆるカドミウム非汚染地帯においても，カドミウム摂取によってイタイイタイ病の前駆症状である腎障害が生じているという報告もある．すなわち，カドミウムは全国民に直接関係する汚染物質と言うこともできよう．

現在，FAOとWHOの下部機関（CCFAC）によって，コメを含む各種食品についてのカドミウムの基準値についての検討が続いている．日本における玄米中カドミウムの基準値は 1.0mg/kgADW であるが，原案では 0.2mg/kgADW であった．それに対して日本政府は非科学的な言辞を弄して 0.4mg/kgADW を提案し，それをCCFACの原案に取り入れさせたが，中国，ヨーロッパ委員会，エジプト，ノルウェー，ナイジェリア，シンガポール，スイスがこの原案に保留を表明している．本書はコメ中カドミウムの規制値策定問題についても詳述している．

日本における近年のカドミウム生産量と消費量は一貫して世界第一位であったが，2004年の生産量は韓国，中国，日本の順になっており，消費量は中国，日本，ベルギーの順になっている．ごく最近における中国の生産量・消費量の増加と，韓国の生産量の増加には目を見張るものがある．当然中国や韓国におけるカドミウム公害には著しいものがあると考えられる．

世界，特にアジア各地でイタイイタイ病の悲劇をくり返してはならないという思いも込めて本書を上梓した．読者諸賢も「瑞穂の国・日本」の今日的─将来的カドミウム問題の理解を深めて，生活と活動の糧としていただきたい．

目　次

はじめに

1章 カドミウムによる環境汚染−その問題点 —————————————— 1

2章 カドミウム汚染と健康 ————————————————————— 5
   2.1　イタイイタイ病 ——————————————————————— 6
   2.2　腎臓への影響 ——————————————————————— 7
   2.3　骨への影響 ———————————————————————— 8
   2.4　寿命に与える影響 ————————————————————— 9
   2.5　内分泌撹乱作用（環境ホルモン的作用）———————————— 10

3章 土壌汚染の実態−生産・消費大国 日本のカドミウム汚染 ————— 11
   3.1　神通川流域（神岡鉱山）——————————————————— 16
   3.2　市川・円山川流域（生野鉱山等）——————————————— 20
   3.3　佐須川・椎根川流域（対州鉱山）——————————————— 24
   3.4　梯川流域（尾小屋鉱山）——————————————————— 28
   3.5　小坂鉱山地域 ——————————————————————— 30
   3.6　渡良瀬川流域（足尾銅山）—————————————————— 33
   3.7　碓氷川流域（安中製錬所）—————————————————— 39
   3.8　日橋川流域（日曹金属会津製錬所）—————————————— 42

4章 カドミウムは土壌から植物へ —————————————————— 45
   4.1　汚染潅漑水中カドミウムの水田土壌への集積 —————————— 45
   4.2　粘土鉱物や土壌有機物への重金属の吸着 ———————————— 47
   4.3　酸化還元電位の変化とカドミウムの溶解性変化 ————————— 48
   4.4　水稲によるカドミウムの吸収 ————————————————— 50
   4.5　水稲のカドミウム吸収と移行に及ぼす亜鉛とマンガンの影響 —— 51
   4.6　水稲によるカドミウムの吸収と土壌の酸化還元電位 ——————— 55

5章 汚染水田土壌の修復法 ─── 59
5.1 難溶化によるカドミウムの吸収抑制 ─── 59
改良資材投入による吸収抑制 *59* ／還元状態による吸収抑制 *62*
5.2 カドミウム除去による吸収抑制 ─── 62
生物学的方法－植物修復（ファイトレメディエーション）*62*
化学的方法 *65* ／農業土木的方法 *67*

6章 世界の食品中カドミウム規制の状況 ─── 71

7章 日本政府の対応（Ⅰ） ─── 75
7.1 厚生省によるコメ中カドミウム濃度の最大基準値の問題点 ─── 75
7.2 微量重金属調査研究会によるコメの安全基準値算出法の問題点 ─── 78
7.3 0.4mg/kgADW以上1.0mg/kgADW未満の玄米の取扱い ─── 81
日本政府の2003年までの産米の取扱い *81* ／2004年以降の産米の取扱い *81*

8章 日本政府の対応（Ⅱ） ─── 83
8.1 『日本政府意見』の作成経過 ─── 84
『中間解析報告書』における推計方法 *85*
『中間解析報告書』から日本政府修正案を決定 *86*
8.2 『日本政府意見』の問題点 ─── 87
8.3 非汚染火山灰土中カドミウム濃度は高くない ─── 89
非汚染火山灰土中カドミウム濃度は高いという衛生学者の主張 *89*
非汚染火山灰土中カドミウム濃度は高くない *90*
8.4 非汚染水田産米中カドミウム濃度の最大値0.4mg/kgは正しいか ─── 93
安中地域調査で対照（非汚染）とされた地点は汚染田であった *95*
0.4mg/kg以上のカドミウム米が検出された水田は汚染田 *97*
8.5 『中間解析報告書』に用いた資料の問題点 ─── 97
母集団から19歳以下，妊婦および20歳以上の多くの人を除いている *97*
19歳以下の人の体重1kgあたりの食品摂取量は多い *99*
19歳以下を除いた理由の厚生労働省説明 *101*
農林水産省調査による作物中カドミウム濃度および代替最大濃度案 *103*
8.6 『日本政府意見』のその他の問題点 ─── 105
たった1回の会議で決めたこと *105*
玄米中カドミウム濃度の耐容基準値を1.0ppmへの反省がない *106*

9章 摂取耐容量・最大基準値－食品特にコメ中カドミウムを中心に ── 107
9.1 日本調査から求めたコメ中カドミウムの摂取耐容量 ── 107
9.2 イタイイタイ病発生時点までのカドミウム曝露量の推定 ── 109
9.3 PTWI から計算したコメ中カドミウムの摂取耐容量 ── 110
9.4 玄米中カドミウム濃度 1.0mg/kgADW と PTWI ── 111
9.5 タバコ中に含まれるカドミウム ── 112

10章 汚染源および生産量と消費量 ── 113
10.1 カドミウムの汚染源 ── 113
亜鉛鉱山・製錬所 113 ／カドミウムを含む製品を製造する工場 114
カドミウム含有製品の使用と廃棄 118
10.2 世界の生産量および消費量 ── 118
生産量 119 ／消費量 120

資料1 土壌汚染対策法について ── 122
土壌汚染対策法の特徴 ── 123
土壌汚染対策法における基準値と問題点 ── 124

資料2 イタイイタイ病裁判以前 ── 128
原告最終準備書面 第一 はじめに ── 128
1. イタイイタイ病（本人尋問調書より） ── 128
2. 鉱毒の歴史と被告会社 ── 129
3. 闘いに立ち上がるまで ── 130

おわりに ── 133
引用文献 ── 135
索　引 ── 145
図表一覧 ── 149

1章 カドミウムによる環境汚染
その問題点

　カドミウムの人体への影響のうち最も重い症状を呈するのは，イタイイタイ病であり，富山県神通川流域に居住する中年以降の女性に多発した．激しい痛みを訴え，少しの外力でも骨折する奇病であるといわれていた．厚生省環境衛生局公害部公害課（1968）によればイタイイタイ病患者は大正元年頃から発生したと推察されていた．第二次大戦後，この奇病発生地の中心で開業していた萩野 昇医師は，この病気をイタイイタイ病と名付けた．萩野はイタイイタイ病の原因について鋭意研究を進め，本病の原因がカドミウムであることを示唆する研究結果を，吉岡金市と連名で発表した（萩野・吉岡，1961）．その後，イタイイタイ病は多くの研究者によって総合的に研究された．イタイイタイ病はその主たる原因が三井金属神岡鉱業所から排出されるカドミウムであるとされ，公害病として正式に政府に認められたのは，『厚生省見解』（1968年5月8日）によってであった．
　神岡鉱山から排出されたカドミウムは神通川を経由して潅漑水ととも水田に流入し，そこで生産される水稲によって吸収される．そのカドミウム米を摂取してイタイイタイ病が発症したこと等が背景にあって，1970年末に開かれた第64回臨時国会において『公害対策基本法』の一部が改正され，従来から典型公害とされていた大気汚染，水質汚濁，騒音，振動，地盤沈下および悪臭のほかに，「土壌の汚染」が追加された．その実施法として農用地の土壌汚染防止を対象にした『農用地の土壌の汚染防止等に関する法律』（『土壌汚染防止法』と略称）が制定された．
　また，カドミウムの主要な摂取源はコメであることが明らかにされたのを受けて，厚生省環境衛生局公害部（1970）は，1970年7月7日に玄米中カドミウム

の基準値を 1.0mg/kgADW とした.この基準値は高すぎるとの社会の疑問や反発が多かったので,厚生省は微量重金属調査研究会(1970)を急遽組織し,前記報告書が出された 17 日後の 1970 年 7 月 24 日に玄米中カドミウム濃度の基準値 1.0mg/kgADW を追認した.

　その後,カドミウム中毒の研究は進展し,神通川流域以外に,長崎県対馬佐須川・椎根川流域,兵庫県市川流域および石川県梯(かけはし)川流域にイタイイタイ病患者が発見された.また,この 4 地域と小坂地域でカドミウムによる腎障害患者の存在が明らかにされ,いずれも学術論文として公表されている.しかし,カドミウム曝露による腎障害および神通川流域以外のイタイイタイ病は公害病として認定されていない.

　カドミウムによって汚染された農地については,法律に基づく農用地土壌汚染対策地域の策定とその修復が実施されつつある.それによって,カドミウム汚染問題は解決したとの幻想が生まれ,マスコミも取り上げず,一般の人々の意識から消え去っていった.

　また,イタイイタイ病患者は 1968 年に三井金属鉱業に損害賠償を求めて提訴し,1971 年富山地裁で,続いて 1972 年に名古屋高裁富山支部で原告勝利の判決が下り判決が確定した.しかし,当時マスコミ等で大きく取り上げられたイタイイタイ病問題は,すでに過去の問題として風化してしまったかのように扱われている.しかしながら,まだ毎年のように患者の認定が行われており,患者がいれば看護している家族があることは意外に知られていない.イタイイタイ病の原因が神岡鉱山から流下してきたカドミウムであることが判明した後も,患者の発生が確認され,平成に入ってからでも(2002 年秋までに)37 名の患者の発生が確認されている(松波,2003).

　一方で,最近における日本のカドミウム生産量と使用量は,世界第一位であることもあまり知られていない.カドミウム汚染も広がりをみせ,依然深刻なものであるが,このような事実はマスコミなどにもほとんど発表されず,一般の人々には全く知らされていない.

　ところが,最近再びカドミウム汚染問題が徐々に新聞紙上などで取り上げられ,なぜ今カドミウム汚染かと,とまどいを見せる向きもあるように思われる.このような疑問に答えたいという気持ちから本書を執筆することにした.現代のカドミウム汚染の問題点を簡単に述べれば,食品中汚染物質の世界的な基準を決める

FAO/WHOなどの下部機関で食品中カドミウム基準値の検討が進められ，日本よりはるかに厳しい基準値の検討が進められているということである．いわゆる外圧によって，日本政府もやむなく重い腰を上げたと言うことであろう．

しかも最近，中国と韓国におけるカドミウムの生産量が急増し，中国の消費量も急増している．2003年における日本，中国，韓国のカドミウム生産量は，それぞれ2496t，2441t，2175tであり，世界で第一，二，三位，世界全生産量16873tの42.2％を占めている．アジア全体のカドミウム生産量は8588tであり，世界全生産量の50.9％を占めている．また，日本，中国，韓国の消費量は，それぞれ6062t，5407t，100tであり，日本，中国は世界第一，二位，韓国を含む消費量は全世界消費量19484tの59.4％を占めている．アジア全体のカドミウム消費量は12134tであり，世界全消費量の62.3％を占めている（金属鉱山会・日本鉱業協会，2004）．韓国の消費量も今後増加するであろう．このような状況から，日本のみならず，アジア特に東アジアにおけるカドミウム汚染・カドミウム公害が深刻さを増していると考えられる．

著者は1970年から今まで，カドミウム汚染をはじめ各種有害金属による土壌汚染について研究してきており，2001年にそれまでの研究成果をまとめて，『日本土壌の有害金属汚染』（アグネ技術センター）を出版した．さらに，日本環境学会に専門委員会を組織して『食品中カドミウムの基準値に関する検討―コーデックス食品添加物・汚染物質部会の審議状況に関連して―』をパンフレットとして公表し，その後，日本環境学会機関誌『人間と環境』に再録した（日本環境学会食品中カドミウム基準値検討専門委員会，2003）．2003年のCCFAC会議までは精米の最大基準値は0.2mg/kgADWとして検討が進められていたが，2004年12月に，日本政府はCCFACに対して，精米中カドミウム濃度の最大基準値0.4mg/kgADWを提案した．それに対して，前記専門委員会は『コーデックス食品添加物・汚染物質部会による食品中カドミウムの濃度の最大基準値（案）に対する日本政府による修正案の問題点』をパンフレットとして公表し，その後，『人間と環境』に再録した（日本環境学会食品中カドミウム基準値検討専門委員会，2004）．これら3つの出版物が，この本の背景となっている．

いずれにせよ，カドミウムはコメを主食とする特に日本人を含むアジア諸国の人々に深く関係している有害元素であり，本書によって日本のカドミウム汚染問

題についての理解が深まり，カドミウム汚染をなくすための研究と運動が前進することを心から期待するものである．

なお，本文中に，最大基準値，最大レベルという言葉が多出するが同じ意味である．また，省庁・組織・施設名は当時のままとした．

本書中で用いた単位，略号，略称について，はじめに述べておく．

* $1mg=1000\mu g$
* $mg/kg=ppm$
* DW= 乾重あたり
* ADW= 風乾重あたり
* FW= 生重あたり
* PTWI: Provisional Torelable Weekly Intake（暫定耐容週間摂取量）
　　　　各種化学物質について1週間に摂取しても健康に影響がない量．カドミウムについては $7\mu g/kg$ 体重/週．
* CAC: Codex Alimentarius Commission（コーデックス食品規格委員会）
　　　　食品添加物や汚染物質についての国際的基準等について検討を行う政府間組織．1962年設立され，日本は1966年に加盟．
* CCFAC: Codex Committee on Food Additives and Contaminants
　　　　（コーデックス食品添加物・汚染物質部会）
　　　　CACの下部組織．
* JECFA: Joint FAO/WHO Expert Committee on Food Additives
　　　　（FAO/WHO合同食品添加物専門家委員会）
　　　　個人の資格で執務する専門家によって構成され，食品添加物と汚染物質の評価を担当している．1955年設立．
* IPCS: International Programme on Chemical Safety（国際化学物質安全性計画）
* FAO: Food and Agriculture Organization of the United Nations（国連食糧農業機関）
* WHO: World Health Organization（世界保健機関）

2章 カドミウム汚染と健康

カドミウム汚染は，われわれ一般人の健康にどのような影響を与えているのであろうか．ヒトへのカドミウム曝露は労働環境と一般環境で認められるが，カドミウム曝露量の増加にともなう健康影響について一般環境と労働環境の場合について図2.1に示した（加須屋, 1999b）．しかし，ここでは一般環境におけるカドミウム汚染による健康影響に限定したい．

カドミウムによる人体被害の頂点にあるのがイタイイタイ病である．ここでは

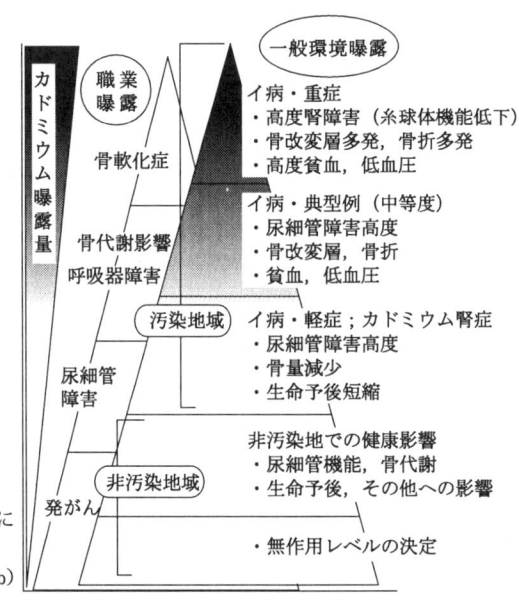

図2.1 カドミウム曝露量増加にともなう各種健康影響
（加須屋，1999b）

イタイイタイ病，その前段階としての腎障害，また骨への影響，寿命への影響，カドミウムの環境ホルモン的作用等について順を追って述べることにする．

2.1 イタイイタイ病

カドミウムによる人体被害といえば，最も有名なのがイタイイタイ病である．イタイイタイ病は，富山県神通川流域に居住する中年以降の女性に多発した，激しい痛みを訴え，少しの外力によっても骨折する奇病であった．この病気は長い間，原因不明のまま特異な地方病（風土病）とされ，患者とその家族は病気，看護以外にもこの病気に対する偏見によって悩まされた．カドミウム汚染原因企業はもちろん，自治体や国もこれらの病人とその家族の行動を規制することはあっても，彼らの味方ではなかった．また多くの医者もその原因を解明することは出来なかった．この辺の事情は，イタイイタイ病裁判（一審）の原告最終弁論に簡潔に述べられている（資料2参照）．

イタイイタイ病は明治末期あるいは大正初期から流行していたと推察されているが，昭和30年代に地元開業医，萩野 昇博士らは，カドミウムが原因であると主張した．イタイイタイ病の原因がカドミウムであることを示唆する研究結果は，萩野・吉岡（1961）によって，はじめて学会発表された．小林 純も試料分析をすることによって，この研究に協力している．その後，多くの研究者によって総合的に研究が推進され，1968（昭和43）年5月厚生省は，

「イタイイタイ病の本態は，カドミウム慢性中毒によりまず腎臓障害を生じ，ついで骨軟化症をきたし，これに妊娠，授乳，内分泌の変調，老化および栄養として

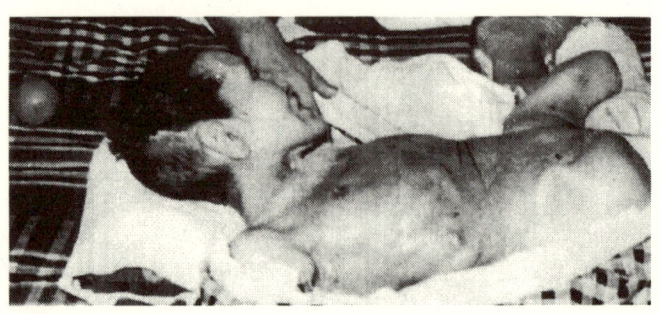

写真2.1 寝たきり72ヵ所の骨折があった患者
（イタイイタイ病対策協議会提供）

のカルシウム等の不足などが誘因となって，イタイイタイ病という疾患を形成したものである．慢性中毒の原因として，患者発生地域を汚染しているカドミウムについては…神通川上流の三井金属鉱山株式会社神岡鉱業所の事業活動に伴って排出されたもの以外には見あたらない」

と発表し，イタイイタイ病の原因は神岡鉱山より排出されたカドミウムであるという見解を示した．

イタイイタイ病の臨床像は，腎尿細管障害を主とする腎障害と骨軟化症[注1]，骨粗鬆症[注2]を混合する骨障害が特徴とされる．血液所見では血液アルカリホスファターゼの上昇，カルシウム，無機リンの低下，貧血，尿所見では蛋白尿，特に低分子量蛋白質，糖，アミノ酸の排泄増加が特徴的所見である．イタイイタイ患者の腎病理学的所見は，糸球体には著しい変化はなく，尿細管の萎縮，拡張，上皮の変性が著しく，これはカドミウムによる腎障害に特徴的とされている．

神通川流域におけるイタイイタイ病認定患者は，2003年1月現在，186人，うち生存者4人，要観察者335人，うち生存者4人である（イタイイタイ病弁護団，2003）．

神通川流域以外でも，長崎県対馬の佐須川・椎根川流域に9人，兵庫県市川流域に5人，石川県梯川流域に3人のイタイイタイ病患者の存在が学会誌等に報告されているが，日本政府は公害病患者としての認定をしていない．

2.2 腎臓への影響

イタイイタイ病の予備軍と考えられているのが腎障害である．カドミウムが体内に吸収されて最初に影響の現れる臓器（標的臓器）は腎臓であり，特に近位尿

[注1] 骨軟化症：骨組織へのカルシウム沈着障害が起こる疾患群で，この障害が成人に起こった場合を骨軟化症，小児に起こった場合をくる病という．骨形成はまず有機質によって骨基質が形成され，次いでカルシウム塩の沈着が起こって完成されるが，骨軟化症では後者が障害されるため多量の類骨が形成される．ビタミンDが骨基質へのカルシウム沈着や腸管よりのカルシウム吸収に大きく関与するため，骨軟化症を呈する疾患にはビタミンD代謝障害を生じているものが多い．

[注2] 骨粗鬆症：骨の絶対量は減少しているが，質的な変化がない状態をいう．骨はたえず吸収，形成されているので，吸収の方が多くなる，あるいは形成の方が少なくなると骨粗鬆（骨がすかすかになって軽石状態）が生じる．骨粗鬆になると骨の力学的強度が弱くなり，骨折を起こしやすい．

細管障害が最も早く現れる.近位尿細管障害の最も鋭敏な指標は尿中低分子量蛋白質であり,β_2-ミクログロブリン[注1],レチノール結合蛋白質[注2],α_1-ミクログロブリン[注1]などが通常は障害の指標として用いられる.一方,カドミウムは糸球体機能障害を生じることがカドミウム汚染地域住民で報告されている.これら尿細管障害,糸球体障害はカドミウム曝露消失後も進行し,最終的には腎不全になることがある.

カドミウム腎症の患者は,イタイイタイ病の発生が認められた上記4地域と,秋田県小坂地域において報告されている.

2.3 骨への影響

カドミウムの骨への影響は,骨軟化症と骨粗鬆症に分けられる.近年,X線上では骨軟化症の症状が見られない人でも,新しい染色法(吉木法)により類骨[注3]の増加が認められ,骨軟化症と診断すべき例が多くあることが明らかになってきた.一方,骨粗鬆症についてもマイクロデンシトメトリー法を用いた調査により,カドミウム汚染地域住民では骨萎縮が強いことが明らかにされている.これらの事実は,カドミウムの骨障害として,従来,骨X線上での骨改変層[注4]の存在を

[注1] α_1-ミクログロブリン(α_1-MG),β_2-ミクログロブリン(β_2-MG):いずれも低分子量蛋白質でα_1-MGはおもに肝臓で,β_2-MGは全身の細胞で作られる.これらは腎糸球体を通過し,ほとんどが腎尿細管で再吸収されるが,わずかが尿中に排泄される.腎尿細管に機能障害が起こると物質の再吸収ができなくなるため,尿中にα_1-MGやβ_2-MGが増加してくる.このことから尿中のα_1-MGやβ_2-MGは腎尿細管機能の指標として測定されている.

[注2] レチノール結合蛋白質(RBP):血中レチノール(ビタミンA)を特異的に輸送する低分子量蛋白質.おもに肝臓で生成され,腎糸球体の濾過および尿細管での再吸収を経て異化される.尿細管障害では再吸収機能障害のため,尿中にRBPが排泄されるようになる.

[注3] 類骨:骨基質上には,骨基質形成やその石灰化を行う骨芽細胞が存在する.その直下にある非石灰化層(カルシウムの沈着がない部分)を類骨とよぶ.骨軟化症では骨組織へのカルシウムの沈着障害のため,多量の類骨が形成される.

[注4] 骨改変層(ルーザー骨改変層):骨軟化症によくみられる所見である.疲労骨折の一種と考えられており,石灰化がみられない類骨組織がX線透明帯としてみられる.多くの場合骨の辺縁にほぼ直交する形で骨軟化像に囲まれた透明帯としてみることができる.好発部位は鎖骨,肩甲骨外側縁,肋骨,骨盤,大腿骨頚部,前腕骨などである.

指標として判断していたのは，骨障害者の氷山の一角を発見しているだけであり，その基盤には多くの骨障害を持つ人々が存在していたことを示している．

カドミウムが骨に与える機序[注]として第一に腎臓におけるビタミンDの活性化を阻害する機序，第二に消化管に作用してカルシウムの吸収を阻害する機序，第三に骨に直接作用してコラーゲン代謝を阻害する機序が考えられている．ヒトにおける調査では，第一の機序の存在は示されている（Nogawa ら，1987）が，第二，第三の機序を示す成績はまだない．

2.4 寿命に与える影響

カドミウム曝露が生命予後（寿命）に与える影響については，石川県梯川流域，富山県神通川流域，長崎県対馬の佐須川・椎根川流域住民について調査されている．

梯川流域では，住民2408人を尿中レチノール結合蛋白質陽性群と陰性群に分けて15年間死亡状況を比較した．その結果，陽性群は陰性群に比べて，男で1.7倍，女で1.4倍死亡確率が高いことが明らかとなった（Nishijo ら，1995）．同地域3178人をβ_2-ミクログロブリン陽性群と陰性群に分けて9年間にわたり追跡した調査では，陽性群は陰性群よりも男で1.4倍，女で1.8倍死亡確率が高いことが判明している（Nakagawa ら，1993）．同様の成績は対馬でも報告されている（Iwata ら，1991）．

イタイイタイ病患者，要観察者，および対照者として前記2群に性，年齢を合わせた神通川流域住民で尿中に蛋白質，糖の検出されない95人について20年間にわたって死亡状況を追跡した結果では，対照群と比べてイタイイタイ病患者は3.4年，要観察者は1.6年生存期間が短縮しており，また，生存率はイタイイタイ病患者12％，要観察者20％，対照群39％であった（Nakagawa ら，1990）．また，神通川流域で3610人について，蛋白質・糖陽性群と陰性群を15年間追跡した結果，陽性群では男で1.3～1.4倍，女で2.0～2.2倍死亡確率が高かった（Matsuda ら，2002）．

このようにカドミウムによる腎障害を有する人は，生命予後が悪化していることがわかる．

[注] 機序：機作，機構，メカニズムのこと．

2.5 内分泌攪乱作用（環境ホルモン的作用）

　コルボーンら著『奪われし未来』（翔泳社）の付録「ウィングスプレッド宣言」によって，鉛や水銀とともにカドミウムも内分泌攪乱物質であると報告されてから，種々研究が進められている．最近，瀧口（2004）はこの問題について次のように紹介している．

　「1998年，環境省は環境ホルモン戦略計画SPEED'98で，内分泌攪乱作用を有すると疑われる物質として67種の化学物質をリストアップしているが，カドミウムはそれら以外の物質として鉛，水銀と共に備考に記載されるにとどまっている．今回，Martinらはカドミウムが動物実験において内分泌攪乱作用（エストロゲン作用）を持つという決定的証拠を報告した．卵巣を摘出した雌ラットに塩化カドミウムを5～10μg/kg（腹腔内1回）投与すると，子宮重量の増加，乳腺の生長・発達が促進され，子宮プロゲステロン受容体の誘導と補体成分C3遺伝子の発現増加，乳腺上皮密度の増加と乳腺内の乳タンパク質生成を誘導した．これらの生体影響は生体内エストロゲンである17β-エストラジオール投与によっても同様に起こることが確認され，また塩化カドミウムによるこれらの生体影響が抗エストロゲンICI-182,780により抑制されることも明らかとなった．このことはカドミウムがエストロゲン受容体を介してエストロゲン作用を発現していることを示している」

Martinらとは，Johnsonら（2003）の論文のことである．カドミウムによる毒性や発ガン性研究における多くの動物実験では，カドミウムは1～5mg/kg体重の範囲で投与されており，今回用いた量はその約1/500～1/1000である．

　カドミウムのエストロゲン作用（環境ホルモン作用）については，今後さらに研究を進める必要があるが，極微量のカドミウムにエストロゲン作用があり，それが有害であるとすればPTWI（暫定耐容週間摂取量）が非常に低く設定される可能性は否定できない．

3章 土壌汚染の実態
生産・消費大国 日本のカドミウム汚染

　日本は古くから金，銀，銅，鉛，亜鉛などの非鉄金属の生産・利用・輸出が多かった．カドミウムはこれら重金属とともに掘り出され，古くは利用することなく廃棄されていたと考えられるが，その後は，回収利用されている．

　近代日本における農用地などの有害金属汚染は，足尾銅山による鉱害が嚆矢といわれているが，日本における非鉄金属鉱山開発の歴史は非常に古い．鉱害の歴史は1000年以上にも達すると考えられている．日本の近代化は，明治維新とともに始まり，主要な金属鉱山，炭鉱，製鉄所はほとんど国有化されたが，経営に行き詰まり，製鉄所を除きすべて民間経営になった．古河は足尾銅山を，藤田組は小坂鉱山を，久原は日立鉱山を，三菱は佐渡と生野鉱山を，三井は神岡鉱山と三池炭鉱を，住友は別子銅山を入手して，6大鉱業資本は一途に財閥形成の道を辿った．とりわけ，「銅は国家なり」と豪語し，主要な輸出産業であった銅鉱業は，足尾・別子・小坂・日立4大銅山を中心に繁栄した．しかし，4大銅山の繁栄は，一方で4大銅山鉱毒・煙害事件をもたらした（畑，1997）．

　なお，足尾，小坂，日立，生野，神岡鉱山の排出する排煙・排水中のカドミウムによって汚染された水田は，いずれも農用地土壌汚染対策地域としての指定を受けている．

　カドミウムは灌漑水，大気降下物[注]，リン酸肥料施肥などを通じて農地を汚染する．汚染源の最大のものは非鉄金属鉱山，選鉱所および製錬所であろう．日本には古くから多くの非鉄金属鉱山が稼働し，2000年頃まではカドミウム生産量，

[注] 大気降下物：大気から地上に降下する物質のこと．雨等による湿性降下物と粉塵等による乾性降下物からなる．

消費量は世界一であったので，現在日本には完全なカドミウム非汚染土壌は存在しないといえる．したがって，「非汚染土壌」とは「特には汚染が考えられない土壌」のことである．ここでは，日本における農地と産米汚染の状況と汚染土壌復元の進行状況について概観したい．

1970年末に開かれた第64回臨時国会で，『公害対策基本法』の一部が改正されて，従来からの典型公害とされていた大気汚染，水質汚濁，騒音，振動，地盤沈下および悪臭の他に，新たに「土壌の汚染」が追加された．その実施法として農用地の土壌汚染を対象にした『農用地の土壌の汚染防止等に関する法律』(昭和45年法律第139号)(『土壌汚染防止法』と略称)が制定された．

さらに，『農用地の土壌の汚染防止等に関する法律施行令』において，特定有害物質を「1 カドミウム及びその化合物，2 銅及びその化合物，3 砒素及びその化合物」としている．

また農用地土壌汚染対策地域の指定要件として，

「一 その地域内の農用地において生産される米に含まれるカドミウムの量が米1キログラムにつき1ミリグラム以上と認められる地域であること．

二 前号の地域の近傍の地域のうち次のイ及びロに掲げる要件に該当する地域であって，その地域内の農用地において生産される米に含まれるカドミウムの量及び同号の地域との距離その他の立地条件からみて，当該農用地において生産される米に含まれるカドミウムの量が米1キログラムにつき1ミリグラム以上となるおそれが著しいと認められるものであること．

  イ その地域内の農用地の土壌に含まれるカドミウムの量が前号の地域内の農用地の土壌に含まれるカドミウムの量と同等程度以上であること．

  ロ その地域内の農用地の土性[注] が前号の地域内の土性とおおむね同一であること．

三 その地域内の農用地(田に限る)の土壌に含まれる銅の量が土壌1キログラムにつき125ミリグラム以上であると認められる地域であること．

四 その地域内の農用地(田に限る．以下この号において同じ)の土壌に含まれる砒素の量が土壌1キログラムにつき15ミリグラム(その地域の自然条件に特

[注] 土性：土壌はコロイド次元の粘土粒子から巨れきに至るまで，様々な大きさの粒子を含んでいる．粒径2mm以上をれき，2～0.2mmを粗砂，0.2～0.02mmを細砂，0.02～0.002mmをシルト，0.002mm以下を粘土という．2mm以下を細土といい，細土中の無機質粒子を砂(粗砂と細砂)，シルト，粘土に分け，3者の重量比によって土壌を種分けする．これが土性である．要するに土壌粒子の精粗のことである．

別の事情があり，この値によることが当該地域内の農用地における作物の生育の阻害を防止するため適当でないと認められる場合には，都道府県知事が環境庁長官の承認を受けて土壌1キログラムにつき10ミリグラム以上20ミリグラム以下の範囲内で定める別の値）以上であると認められる地域であること．

2. 前項各号の要件に該当するかどうかの判定のために行うカドミウム，銅及び砒素の量の検定の方法は，総理府令で定める」

となっていた．

これらの法律等に基づいて，全国的に調査が行われ，毎年環境省から報告されている．2004年に報告された『農用地土壌汚染対策の進捗状況』を表3.1に，農用地土壌汚染対策地域に指定された地域を図3.1に示した．基準値以上の汚染が

表3.1 農用地土壌汚染対策の進捗状況

（平成15年度末現在）

特定有害物質	①基準値以上の汚染が検出された地域								⑨県単独事業等完了地域	⑩未指定地域
		②対策地域に指定された地域								
			③対策計画が策定された地域							
				④対策事業が完了した地域			⑦対策事業実施中地域	⑧対策計画未策定地域		
					⑤指定解除地域	⑥未解除地域				
カドミウム	6686ha 95	6128ha 59	6041ha 59	5537ha 58	5255ha 54	282ha 9	504ha 12	87ha 2	375ha 50	183ha 20
銅	1405ha 37	1225ha 12	1224ha 12	1195ha 12	1116ha 11	79ha 2	29ha 2	1ha 1	99ha 21	81ha 9
砒素	391ha 14	164ha 7	164ha 7	164ha 7	84ha 5	80ha 2	— ha —	— ha —	159ha 7	68ha 6
計 面積 地域数	7228ha 133	6276ha 68	6190ha 68	5682ha 67	5337ha 61	345ha 11	508ha 13	86ha 2	626ha 76	326ha 34

⑪対策事業等完了面積（＝④＋⑨）	6308ha
⑫対策進捗率（＝⑪／①×100）	87.3%

（上段：面積，下段：地域数）

注 1)「基準値以上検出地域」は平成15年度までの細密調査等の結果による．
 2) 縦の欄の面積，地域数を加算したものが合計欄のそれと一致しないのは重複汚染があるため．
 3) 縦の欄の地域数を加算したものが，合計および「基準値以上検出地域」と一致しないのは部分解除した地域，一部対策事業が完了した地域等があるため．
 4)「対策計画策定地域の事業完了」および「県単独事業等完了地域」には他用途転用面積を含む．
 5)「対策計画策定地域の事業完了」は，国の助成に係る対策事業の面工事が完了している地域．

3章 土壌汚染の実態

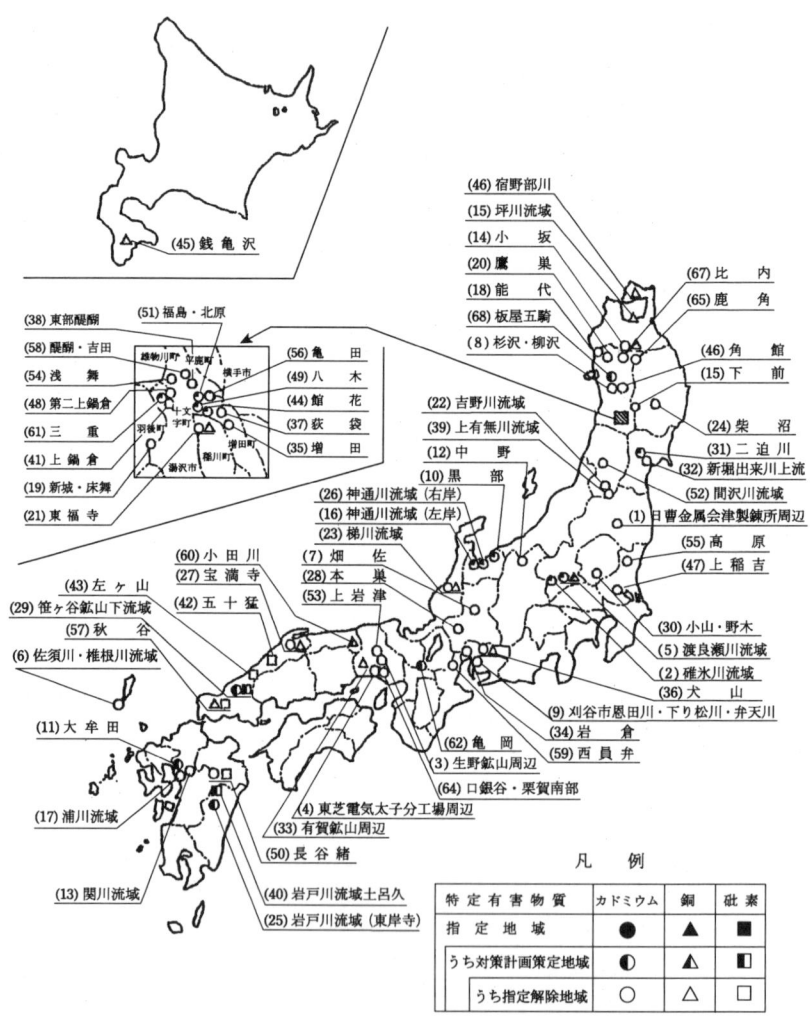

図 3.1 農用地土壌汚染対策地域位置図

検出された地域のうち，カドミウム，銅，ヒ素汚染地全体の87.3%が，カドミウム汚染地の88.4%が対策を完了している．

カドミウムが基準以上検出された地域は95地域，6686haであり，そのうち対策地域に指定された地域は59地域，6128haである．最初の指定は1972年3月2日で，福島県磐梯町の日曹金属会津製錬所周辺の112haであった．その後も順次指定され，一番新しいのは2002年に指定された秋田県板屋五騎の8.5haである．未指定の地域がかなりあり，今後も指定が続くと考えられる．

しかし，以上は玄米中カドミウム濃度1.0mg/kgを基準にしたものであり，その周辺およびその他に低濃度汚染地域が存在することは容易に想像できる．6章で詳述するが，2003年CCFAC（コーデックス食品添加物・汚染物質部会）の最大基準値案，精米中カドミウム濃度0.2mg/kgではもちろん，「日本政府意見」の0.4mg/kgであっても，規制値が厳しくなれば広大な面積の対策が必要になることは明らかである．

上述のように，現在，農用地土壌汚染対策地域が68ヵ所ある．これらのうち，イタイイタイ病と腎障害の人体被害が認められている富山県神通川流域，兵庫県市川・円山川流域，長崎県対馬佐須川・椎根川流域，石川県梯川流域，腎障害が認められている秋田県小坂地域，および学会誌等では人体被害が認められていないが，農業被害の著しい群馬県渡良瀬川流域，群馬県碓氷川・柳瀬川流域，福島県日橋川流域におけるカドミウム汚染の状況を概観したい．

これらのうち，人体被害が認められた5指定地域の土壌および玄米中カドミウ

表3.2 健康被害が認められた5指定地域の土壌と玄米のカドミウム濃度

地　　域	土壌[a]（mg/kgDW）			玄米（mg/kgADW）			イタイイタイ病患者数[F]
	n	平均	範囲	n	平均	範囲	
神岡鉱山（神通川流域）[A]	544	1.12	0.46〜4.85	544	0.99	0.25〜4.23	186
生野鉱山（市川流域）[B]	19	6.38	3.90〜12.16	19	1.06	0.79〜1.44	5
対州鉱山（佐須川・椎根川流域）[C]	69	5.60	1.00〜12.00	400	0.90	0.20〜3.64	9
尾小屋鉱山（梯川流域）[D]	122	3.11	1.01〜17.70	122	0.81	0.41〜2.84	3
小坂鉱山周辺[E]	—	4.01	1.43〜11.33	—	0.78	0.16〜4.81	0

文献：A）柳澤ら(1984)，B）兵庫県(1972)，C）長崎県対馬支庁農務課(1979)，D）石川県(1979)，E）尾川(1994)，F）各地域の説明中で文献を引用している
a：0.1M HCl 抽出法

ム濃度並びにイタイイタイ病患者数を表3.2に示した．なお，イタイイタイ病患者数についての文献は以下に述べる各指定地域の説明中で引用している．

3.1 神通川流域（神岡鉱山）

　亜鉛，鉛，金，銀，ビスマス，カドミウムを含む鉱石の露頭が発見されたのは，800年頃といわれている．1890年代からこの地域における鉱業活動は，三井金属鉱業神岡鉱業所によって急速に発展した．採掘の対象になっている鉱石は，閃亜鉛鉱，方鉛鉱，黄銅鉱である．カドミウムは結晶化学的挙動が亜鉛とよく似ているので，主として亜鉛の原鉱である閃亜鉛鉱の結晶構造に取り込まれて存在しており，製錬の過程で亜鉛と分離・精製されるが，第二次大戦前には，ほとんど回収されず環境に放出されていた．近代化以前に採掘の主な対象とされていた銀も，同様に鉛の原鉱である方鉛鉱に含まれていた（畑，1997）．

　神通川は富山平野の中央部を南北に貫通する一級河川である．三井金属鉱山神岡鉱業所は，その上流，岐阜県吉城郡神岡町に位置する．神通川流域の農地で神岡鉱山に起因する鉱毒問題が発生し，農業被害が激しくなったのは大正時代からである．1919年には，地元の農会[注]などが農商務省西ヶ原農事試験場（現農業

写真3.1　神岡鉱山 鹿間工場　（著者撮影）

[注]　農会：1899（明治32）年公布の農会法により，農事改良をはかる目的で設立された公法上の社団法人．

環境技術研究所)に対して,被害地土壌の調査を依頼した結果,用水を通じて流入した鉱毒成分の亜鉛および銅が被害の原因であることが明らかにされた.神岡鉱山の発展に伴い,農作物の生育阻害は年々増大したが,鉱滓および排水の処理施設が設置されてから,被害が軽減されるようになった.しかし,第二次大戦中には被害が増大し,大きな社会問題になっていた(柳澤ら,1984).ここでも「戦争が最大の公害」ということの一端が認められる.

このように農作物の被害とともにこの地域では,後にイタイイタイ病として世界的に有名になった公害病が発生した.この病気は長い間,原因不明のまま特異な地方病(風土病)とされ,患者とその家族は病気,看護以外にもこの病気に対する偏見によって悩まされていた.2章で述べたように,イタイイタイ病の原因がカドミウムであることを示唆する研究結果は萩野・吉岡(1961)によって,はじめて学会発表された.この研究には小林 純も試料の分析によって協力している.イタイイタイ病の主要な原因がカドミウムであるとして,正式に政府によって公害病と認定されたのは,厚生省見解(1968年5月8日)によってであった.このように病気の原因が町の開業医(萩野),農学者(吉岡)および農芸化学者(小林)によって明らかにされたことは,特記されるべきであろう.その昔,足尾銅山鉱毒の研究を行ったのも農芸化学者である古在由直であったことが想起される.

神通川流域の水田土壌は,表3.2に示したように人体被害が認められた他の汚染地の水田土壌と比べてカドミウム濃度が低いが,玄米中カドミウム濃度は高い.その理由は,ここの土壌は砂質で有機物含有量も低いためにカドミウム吸着力が

表3.3 神通川流域土壌汚染対策地域内の玄米,土壌中カドミウム濃度(神岡鉱山)

項目 地域	玄米中 Cd 濃度(mg/kgADW)					土壌中 Cd 濃度*(mg/kgDW)							
						作 土				次 層 土			
	n	最小	最大	平均	1.0mg/kg ADW 以上の点数	n	最小	最大	平均	n	最小	最大	平均
左岸地域	362	0.25	4.23	1.02	146	362	0.46	4.50	1.09	334	0.06	4.86	0.65
右岸地域	182	0.25	2.74	0.93	70	182	0.46	4.85	1.16	172	0.09	5.17	0.74
全 体	544	0.25	4.23	0.99	216	544	0.46	4.85	1.12	506	0.06	5.17	0.68

注)この表は対策地域の指定に用いた2.5ha当り1点の代表値でとりまとめてある.
しかし,1.0mg/kgADW以上の点数は,2.5ha内で2点検出されたところが14ヵ所あるため,1.0mg/kgADW以上の玄米は,216ヵ所から計230点検出されている.
*:0.1MHCl抽出法

柳澤ら(1984)

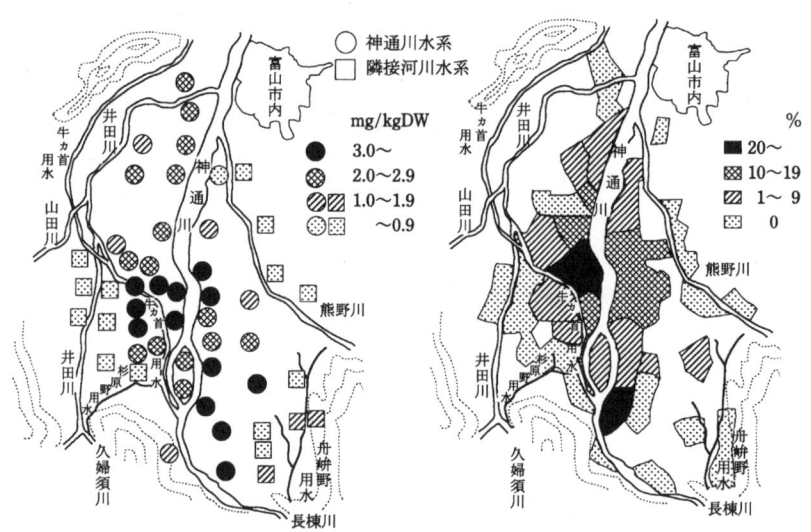

図 3.2a 神通川流域水田土壌中のカドミウム濃度（神岡鉱山）
作土のみ，水口，中央，水尻の平均値
日本公衆衛生協会（1968）

図 3.2b 神通川流域のイタイイタイ病およ
び同病が疑われる者の集落別
有症率（神岡鉱山）
1965 年 7 ～ 11 月末
有症率の分母は 50 歳以上女子人口
日本公衆衛生協会（1968）

弱いが，このように弱い力で吸着されたカドミウムは水稲によって吸収されやすいためであろう．土壌汚染対策地域内水田産玄米と土壌中カドミウム濃度の要約を**表 3.3** に示した．

　1967 年以降，環境庁によるイタイイタイ病患者の認定および富山県による要観察者の判定が行われている．2003 年 1 月末現在認定患者総数は 186 人，うち生存者数 4 人，新規認定者 1 人であった．また，要観察者数 335 人，うち生存者 4 人，新規認定者 1 人となっていた（イタイイタイ病弁護団，2003）．

　神通川流域水田土壌中カドミウム濃度とイタイイタイ病および同病が疑われる者（要観察者）の集落別有病率を**図 3.2a** および**図 3.2b** に示した（日本公衆衛生協会，1968）．水田土壌中カドミウム濃度と患者発生率が良く対応している様子が分かる．

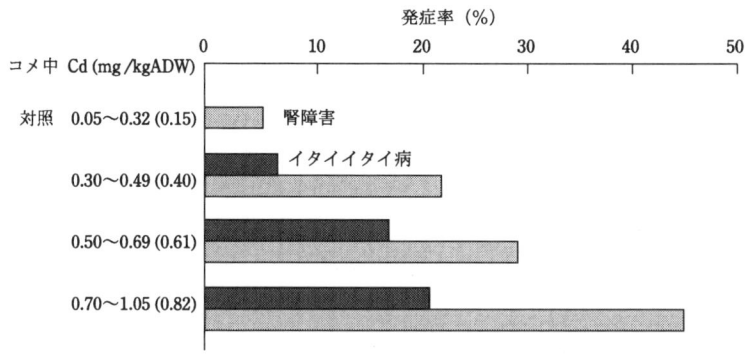

図 3.3 神通川流域集落平均コメ中カドミウム濃度と女性 (50 歳以上) の有症率
　　　(神岡鉱山) (　) 内は平均値

Nogawa et al. (1983) より作成

　また，神通川流域集落平均コメ中カドミウム濃度と 50 歳以上の女性のイタイイタイ病および腎障害の有症率を図 3.3 に示した (Nogawa ら, 1983). コメ中カドミウム平均濃度とイタイイタイ病および腎障害の有症率は良く対応していた. 対照のコメ中カドミウム濃度はやや高く汚染米が含まれていたことが考えられる.

　土壌から稲に吸収されたカドミウムは，玄米，茎葉，根におおむね 1：10：100 の比率で集積する (伊藤・飯村, 1976). 馬は稲わらを多食するので，以前農耕に使われていた馬の健康が気になるところである. 萩野 (1974) には，富山県全般において馬の売買をしてきた酒井重二家畜組合長の次の談話がある.

> 「神通川流域においては，私の父のころから馬の骨軟化症が増え，北海道から購入した馬が 4, 5 年で足を折ったり，腰を折ったりして廃馬になるため，耕作時以外は神通地区以外の遠い山へあずけ，2, 3 年で買い換えるようになった. このようなことは富山県の他の地区にはなく，神通川地区だけに多かった. 今にして思えば神通川の鉱毒のせいだったのだ」

　カドミウム汚染地の真の修復は，発生源の対策，すなわち山元からのカドミウム排出をなくすことなしには不可能である. 多くの住民や科学者の努力もあって，神岡鉱山側もカドミウム排出削減に努力し，神通川のカドミウム濃度は，1969 年には 1ppb (ppb=1/1000ppm), 1981 年には 0.23ppb, 2001 年には 0.08ppb と河川水の自然界値 (0.05 〜 0.06ppb) に近づきつつある (イタイイタイ病弁護団, 2003).

水田土壌は1500haが汚染対策地域に指定され，1980年から「埋込客土」と「上乗せ客土」を基本とする修復作業が始まった．修復工事前，対策地域全体の土壌および玄米の平均カドミウム濃度は，それぞれ1.12mg/kgDWおよび0.99mg/kgADWであったが，修復された水田における1996年までの調査結果の平均カドミウム濃度は，作土(411地点)が0.16mg/kgDW，玄米(404地点)が0.09mg/kgADWであった（岩元，1999）．修復後の玄米中平均カドミウム濃度が0.09mg/kgADWであることは，0.1mg/kgADW以上のカドミウムを含む玄米がかなり含まれていることを意味しており，今後に問題を残す結果となっている．

3.2 市川・円山川流域（生野鉱山等）

兵庫県のほぼ中央の分水嶺にある生野鉱山は，瀬戸内海に流入する市川と日本海に流入する円山川に排水を流している．

この地域のカドミウム等有害金属の発生源は生野鉱山のほか，明延鉱山，神子畑選鉱所および中瀬鉱山である．中瀬鉱山は日本精鉱の所有であるが，その他は三井金属鉱業が所有していた．

生野鉱山は「生野銀山」と言われていたように，古くから銀を多く生産した日本有数の鉱山である．生野鉱山の鉱石鉱物は黄銅鉱，閃亜鉛鉱，方鉛鉱，錫石，鉄マンガン重鉱，斑銅鉱，黄錫鉱，四面銅鉱，硫砒鉄鉱，黄鉄鉱，コバルト華，自然金，輝銀鉱，濃紅銀鉱などである．したがって，鉱石には金，銀，銅，亜鉛，カドミウム，鉛，錫，タングステン，ヒ素などが含まれていた．生野鉱山の発見は807年と伝えられ，古くは銀，銅，鉛が採掘・製錬されていた．この頃の技術は手工業的な採鉱冶金技術であったため，低品位鉱や亜鉛鉱は捨石として坑外に野積みされていたようである．これらがカドミウム等の汚染源になったと考えられている．さらに，明治以降，近代的採鉱冶金技術によって生産量は飛躍的に増加するが，金属実収率は低く，鉱毒防除設備に投じた資金や技術が極めて不十分であったため，近世における汚染量と比較にならないほど高い汚染を加えた．特に日露戦争以後の相次ぐ大戦争を契機に生産量は急増し，それにともなって汚染も増加したと考えられる．1976年に閉山した後にも巨大な廃滓堆積場が地上に存在したままであり，旧鉱の浸透水も止まっていなかった（浅見ら，1981）．

生野鉱山には，1930年以降に作られた3つの大きな廃滓堆積場（ダム）があるが，スライム[注1]中カドミウム，亜鉛，鉛，銅，ヒ素濃度は，それぞれ9.8～

3章 土壌汚染の実態

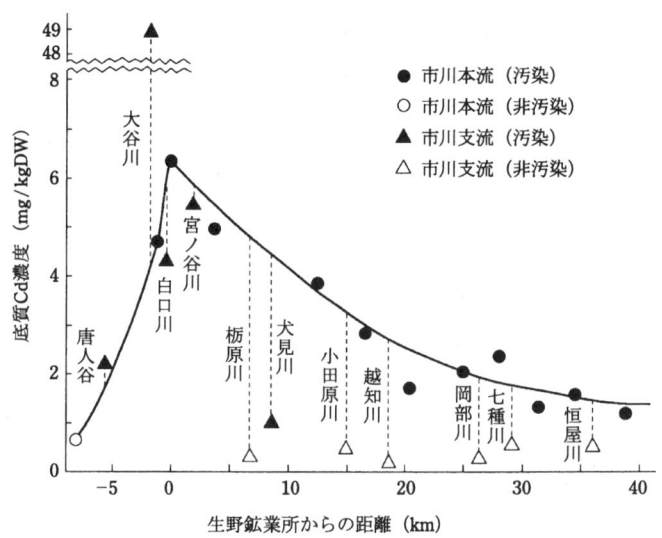

図3.4 市川水系底質のカドミウム濃度と生野鉱業所からの距離
浅見ら(1981)

48.8, 1880〜6670, 538〜2510, 1710〜2300, 585〜29400mg/kgDW 含まれており，これら廃滓堆積場からの排出水とともに市川・円山川に流出し，採鉱，選鉱，製錬の過程で排出される有害金属とともに下流域の水田等に流入したと考えられる．生野鉱山は分水嶺にあり，排水は瀬戸内海に流入する市川と日本海に流入する円山川に流されているが，市川への有害金属流入量のほうが円山川よりも多い．

図3.4に示すように，市川底質[注2)]のカドミウム濃度は，生野鉱山近くで高く，下流にゆくにしたがって低下すること，また鉱山の影響がないと考えられる最上流部や支流では低いことが認められた．具体的には，鉱山より上流の市川本流最上部で 0.66mg/kgDW と低い値を示し，鉱山の影響のある支流の大谷川で 48.8mg/kgDW と高い値が認められることもあって，本流底質も最大値の 6.29mg/kgDW を示していた．その後，徐々に低下して40km下流の姫路市砥堀取水場付近でも 1.12mg/kgDW と市川・円山川非汚染底質（10試料の平均値が 0.38mg/kgDW）よりもかなり高い値を示しており，カドミウムの汚染がかなり

注1) スライム：鉱石などの微粒子と水が混合した軟泥状のもの．
注2) 底質：河川・湖沼・海などの底の泥．

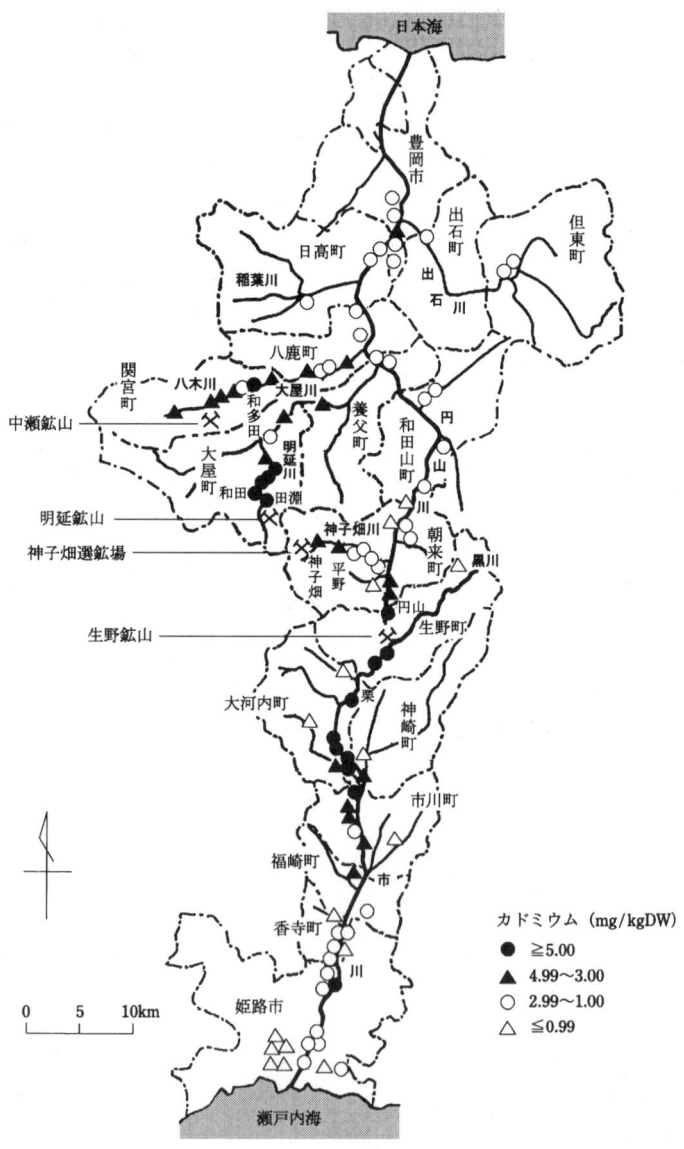

図3.5 市川・円山川流域水田作土の平均カドミウム濃度（生野鉱山）
浅見ら（1982）

3章 土壌汚染の実態

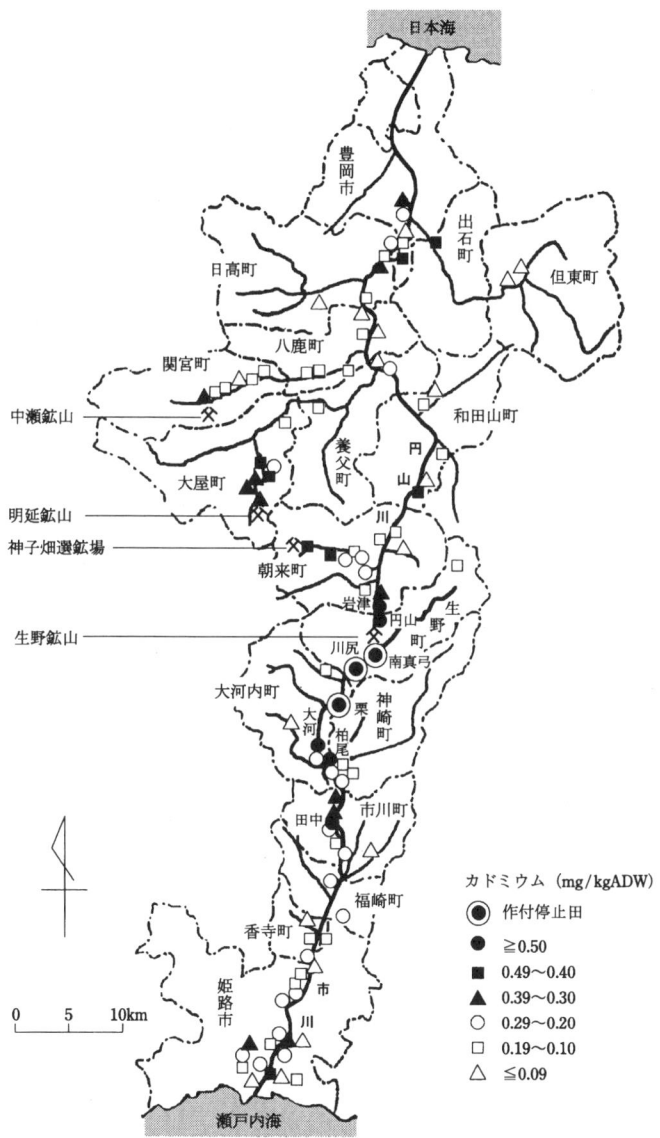

図3.6 市川・円山川流域水田産玄米の平均カドミウム濃度（生野鉱山）
浅見ら(1983)

下流まで及んでいるものと考えられた．生野鉱山からの排水が流入する円山川上流部では，円山沈澱池排水口下の底質で，カドミウムが 12.0mg/kgDW と高い値が認められたが，市川本流の場合とは違って，円山川本流では下流にゆくにしたがって急激に濃度が減少した．しかし，円山川の支流である明延川底質では明延鉱山からの排水の流入によって，大屋町明延では 24.3mg/kgDW という高濃度のカドミウムが検出された（浅見ら，1981）．

図 3.5 には水田土壌の集落別平均カドミウム濃度を示した．一つのマークは 1〜4 ヵ所の水田作土の平均値である．図 3.5 から明らかなように平均値で 5mg/kgDW 以上の集落が市川上中流部，円山川最上流部，明延川および大屋川の各流域で認められ，さらに姫路市でも認められた．また，日本海に近い豊岡市でも水田土壌中濃度の高い集落が認められた（浅見ら，1982）．

図 3.6 には玄米の集落別カドミウム濃度を示した．一つのマークは 1〜107 点の平均値である．図 3.6 から明らかなように玄米中カドミウム濃度が高い集落が市川上中流域，円山川上流域等で認められた．しかし，2003 年の CCFAC のコメの最大レベルである 0.2mg/kgADW を平均で超える集落が市川・円山川の全流域にわたって認められ，さらに「日本政府意見」の 0.4mg/kgADW の集落は，北は出石町，豊岡市から南は姫路市まで認められた（浅見ら，1983）．したがって，CCFAC の結論が 0.2mg/kgADW に決まった場合はもちろんのこと，0.4mg/kgADW に決まった場合でも広大な面積が対策を迫られることになる．

市川町の開業医である柴田（1975, 1977）は市川流域に 6 人のイタイイタイ病患者がいることを報告している．これらの患者は生野町 2 人，大河内町 1 人，神崎町 1 人，市川町 1 人，香寺町 1 人であり，いずれも市川沿いに住んでいる住民である．Nogawa ら（1975）は生野町の 1 人を除く 5 人について詳細な研究を行い，これら患者はカドミウムにより引き起こされたイタイイタイ病患者であると結論した．また，柴田（1975, 1977），能川ら（1975）は市川流域における腎障害患者の存在についても報告している．

3.3 佐須川・椎根川流域（対州鉱山）

斎藤ら（1993）は，長崎県対馬厳原町佐須地区における 20 年間の疫学的，臨床的，病理組織学的調査研究を本にまとめて出版している．

佐須川および椎根川は長崎県対馬下島西側の厳原町にあり，この地域の汚染源

は対州鉱山である．対州鉱山の歴史は非常に古く，674年には日本で最初に銀を産出し，佐須銀山と呼ばれ，栄枯盛衰を重ねながら朝廷，藩主，幕府の直轄事業として鉱山活動が続けられた．特に，江戸時代の1650年から60年間は国策上，銀と鉛が重要視されたため最も多く産出され，最も繁栄をきわめたとされている．当時の製錬は灰吹法で行われており，灰吹法製錬[注1]によるカラミ[注2]が現在も樫根，床谷地区一帯に広く残存している．

下島の鉱脈帯は北西部を斜交するように分布し，浸食地形の断層に沿う鉱脈が7世紀より利用されている．主鉱物は閃亜鉛鉱，方鉛鉱，磁硫鉄鉱である．明治時代に入ってからは亜鉛鉱と鉛鉱とが利用されようになったが，小規模の採掘であった．1939年，後の東邦亜鉛が対州鉱山を買収し，さらに鉱区を広げたが，第二次大戦の激化とともに資材の入手が困難となって休山状態になった．戦後，1946年に操業を再開したが，翌1947年に選鉱場を焼失，1948年に選鉱場を再建し，以降，現代的手法による本格的な操業が始まり，逐年生産量を伸ばして1950年に月産5500t，1956年には日見鉱床の発見にともない，月産10000tに，1966年以降は月産22000tの処理能力を有するに至ったが，1973年に閉山した．674～1866年の約1190年間の採鉱量は153万t，ズリ[注3]堆積量は34.8万tと推定され，また1866～1938年の約70年間には採鉱量11万t，ズリ5.4万t程度と考えられた．1948年から1972年までの25年間の出鉱量は359万tに達した．なお，現地では比重選鉱[注4]を行い，製錬は安中製錬所に搬出して行った．そのため，残留ズリ，重選ズリ，スライムの他廃水処理で生じた汚泥などが堆積されており，これらが以前のカラミとともに汚染源になっているものと考えられる．

1974年3月9日毎日新聞夕刊および翌10日の朝刊に，この地域の環境調査に関連して，国，県のカドミウム公害調査をごまかすために会社が調査対象に手を加えていたとの記事が載っている．その手法は，調査者と会社との間で採水，採

[注1] 灰吹法製錬：室町時代頃から行われた冶金の方法．鉱石や製錬過程で生ずる副産物から金銀を回収するのに使われた．炉の下面にくぼみをこしらえて灰を詰め，その上にのせた金銀と鉛の混合物を加熱すると，鉛は溶けだして灰に吸収され，後に金銀の塊だけが残る．

[注2] カラミ：鉱石を溶錬する際に生ずる金属分をとった残り滓．一般に珪酸塩からなる．スラグ．

[注3] ズリ：鉱石採掘などで掘り出された岩石・土砂，または低品位の鉱石・廃石．

[注4] 比重選鉱：比重の違いを利用して鉱石と脈石とを分離すること．

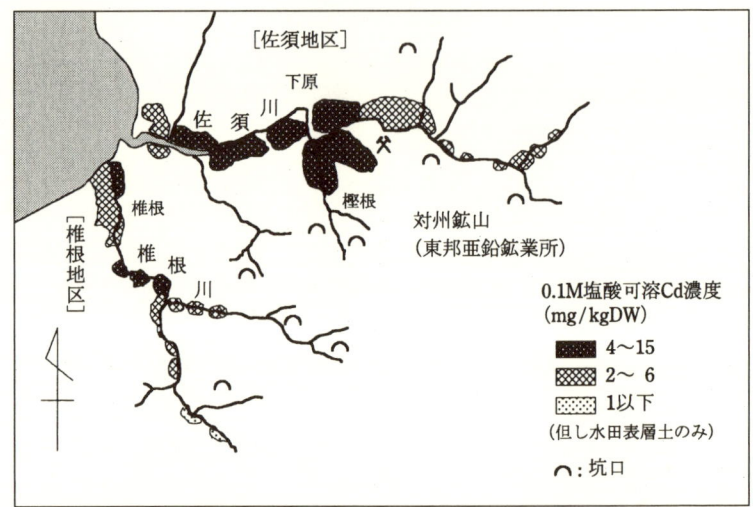

図3.7 佐須川・椎根川流域水田土壌のカドミウム汚染の概況（対州鉱山）
中島・小野（1979）

泥地点があらかじめ決められていたため，上流の鉱山と関係のない採取地点には，鉛・亜鉛鉱石を含む廃石を河川に散布し，鉱山下流の採取地点には鉱石を含まない上流の砂泥を散布混合するというものであった．

採水については，採取試料は鉱業所内に置いてあったので，おもに夜間にきれいな水を注入，調節し，後日荷造りして役所に発送した．また，調査当日に持ち帰る試料には，昼食，夕食時にすきをみて注水を実施した．

斎藤ら（1993）にも，「公害隠蔽工作の結果としてもたらされたと考えられるデータはすべて削除した」と書かれている．

現在あるズリ等のカドミウム濃度の平均値（範囲）は，新ズリ38（微量～187），旧ズリ158（6～259），カラミ53（9～148），スライム40mg/kgDWであった．これらの堆積量は新ズリ156.4万t，旧ズリ40.1万t，カラミ4.3万t，スライム129.6万tであった（長崎県重金属汚染原因調査班報告，1973）．

中島・小野（1979）によれば，汚染地域の水田面積は，約60haあるが，そのうち0.1M塩酸可溶性カドミウムが作土に2mg/kgDW以上ある水田は約85％あり，8mg/kgDW以上の水田は約20％あった．その分布状況を**図3.7**に示した．**表3.4**に3ヵ所の水田とそれに隣接する畑の層位別カドミウム濃度を示したが，水田・

表 3.4 佐須川・椎根川流域水田および畑土壌のカドミウム濃度（対州鉱山）

(mg/kgDW)

調査地点	深さ (cm)	水田 (A)	畑 (B)	濃度差 (A)−(B)
椎　根 前　原	0〜14	9.5	8.0	1.5
	14〜26	10.8	6.8	4.0
	26〜	6.3	6.0	0.3
下　原 久　保	0〜18	3.9	3.4	0.5
	18〜25	4.1	1.4	2.7
	25〜39	2.9	2.3	0.6
樫　根 在　家	0〜17	7.7	5.2	2.5
	17〜31	6.8	3.4	3.4
	31〜43	4.8	4.0	0.8

＊：硝酸−過塩素酸分解法　　　　　　　　　　　中島・小野（1978）

畑土壌とも下層まで汚染されており，また水田土壌の方が畑土壌よりもカドミウム濃度が高く，汚染の歴史が長いこと，および開田後の潅漑水による汚染も明らかに認められた．

対策地域の水田作土（0.1M塩酸抽出）および玄米中カドミウム濃度の平均値（範囲）は，5.6(1.0〜12.0)mg/kgDW(n=69)および0.90(0.20〜3.63)mg/kgADW(n=400)であった．対策工事は基本的には25cmの上乗せ客土を実施した（長崎県対馬支庁農務課，1979）．対策工事実施後の水田産玄米中カドミウム濃度は0.09(0.04〜0.20)mg/kgADW（n=65）であった（長崎県，1984）．

本地域住民のカドミウム摂取量調査によれば，汚染地域でも対照（非汚染）地域でも副食からのカドミウム摂取量が非常に多く，1976年度調査では，主食と副食によるカドミウム摂取量は，汚染地域ではそれぞれ66.8μg/日および117μg/日であり，対照地域では26.4μg/日および42.1μg/日であった．また，1983年度調査では，汚染地域ではそれぞれ22.6μg/日および54.2μg/日であり，対照地域ではそれぞれ8.5μg/日および20.2μg/日であった（長崎県，1984）．これは，畑や山林も汚染されており，畑作物や山菜からのカドミウムの摂取量が多いためと考えられた．なお，1976年度より1983年度の方がすべての地域においてカドミウム摂取量が減少していた．

対馬の住民の中に9人のイタイイタイ病患者が発見されている．また腎障害患者も発見されている（斎藤ら，1993）．

このようにカドミウムによる環境汚染とカドミウム腎障害，およびイタイイタイ病患者が存在していても，住民も，行政もそれらの存在をなかなか認めようとしなかった．1968年3月18日の『西日本新聞』に「小林教授と萩野医師は，…神通川のイタイイタイ病と同じ症状の重症患者3人発見．…」と報道した．その直後の1968年4月1日に樫根集落全戸主連名，捺印した「声明書」の写しが各新聞社に送られた．その中に「…この部落にはイタイイタイ病の症状や患者は過去にも現在にも見あたりません．それなのにイタイイタイ病という有り難くないレッテルを貼られては，今後，娘，息子の結婚や就職にもさしさわりが出て来て迷惑至極です．…」と書かれていたとのことである（鎌田，1970）．

3.4 梯川流域（尾小屋鉱山）

石川県の梯川上流倉谷地区では1682年に金や銅鉱石の採掘が行われたという記録があり，尾小屋鉱山として知られている．これら鉱山群は幾多の変遷を経て，1931年から日本鉱業が経営を引き継ぎ，1962年，北陸鉱山が継承し，1971年閉山した．日本鉱業が経営を開始してから，採掘は本格化し，1932年から1943年頃までの銅の生産量は年間1500～2000t程度であった．第二次大戦後，1951年に至って漸く健全経営に移行し，1960年には粗鉱採掘量年間20万tを超え，1961年には最高の22万t余に増加した．1931～71年の粗鉱採掘量は471万t余とされており，それ以前の採鉱量を加えると膨大な量になる．初期には金，銀，銅が主な生産品であったが，1951年頃から亜鉛の生産が盛んになっている．しかし，亜鉛等とともに産出されるカドミウムの生産は記録されておらず，1951年以前には亜鉛とともに廃滓として捨てられたものと考えられる（石川県厚生部，1976）．

石川県（1979）によれば，梯川とその支流である郷谷川流域にある採鉱地（鉱坑口282ヵ所，堆積場28ヵ所，沈澱池35ヵ所），選鉱場および製錬所からカドミウム等が河川に流出し，その河川から取水していた潅漑水とともにカドミウム等が長期にわたり水田土壌に蓄積したものである．

1973年の調査によって，カドミウム等重金属による汚染のおそれのある梯川流域（小松市）は10用水系31町，705ha，農家戸数1135戸と推定され，1974年度に，この705ha（1977年に14.5haを追加）を対象として，土壌汚染防止法に基づく細密調査が行われた．

3章 土壌汚染の実態

凡 例
水田作土中カドミウム濃度
- 0〜0.9 mg/kgDW
- 1.0〜1.9
- 2.0〜2.9
- 3.0〜
- 未調査

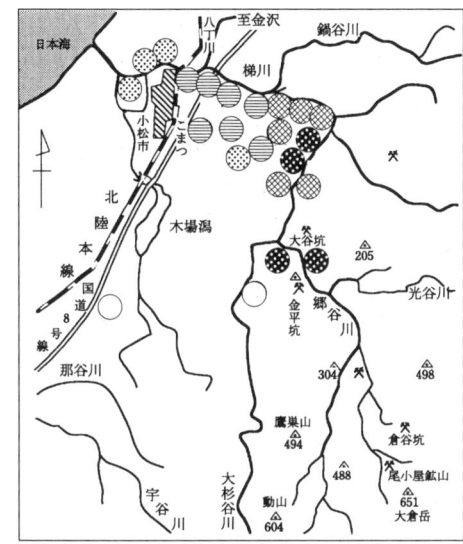

図 3.8 梯川流域水田作土のカドミウム濃度（1974年細密調査）（尾小屋鉱山）
石川県厚生部（1976）

凡 例
産米中カドミウム濃度
- 〜0.19 mg/kgADW
- 0.20〜0.39
- 0.40〜0.59
- 0.60〜
- 未調査

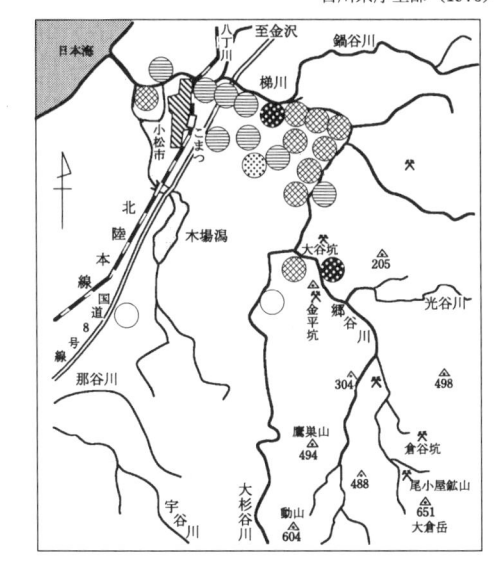

図 3.9 政府買入れ梯川流域産米（1974年）のカドミウム濃度（尾小屋鉱山）
石川県厚生部（1976）

この地域の作土中カドミウム濃度(0.1M 塩酸抽出)は平均(範囲)が1.95 (0.16 ～ 15.43)mg/kgDW(n=282)であった．この値を町ごとに平均して地図上に示したのが図3.8である．上流域に高い値を示す町があり，下流域は相対的に値が低いようである．玄米中カドミウム濃度は平均(範囲)が0.34(0.03 ～ 2.84) mg/kgADW(n=282)であった．この玄米中カドミウム濃度ではないが，政府買入1974年産米の町別平均カドミウム濃度を図3.9に示した．この図3.9からコメには上流部から中流部までカドミウム濃度が高い町があることがわかる(石川県厚生部, 1976)．

　これらの細密調査によって，農用地汚染対策地域として1975年から順次指定され，最終的には518.6haが指定された(石川県, 1983)．対策地域で採取した122点の試料中カドミウム濃度の平均値(範囲)は，土壌(0.1M 塩酸抽出法)が作土(0 ～ 15cm)で3.11(1.01 ～ 17.70)mg/kgDW，次層土(15 ～ 30cm)で2.09(0.10 ～ 14.74)mg/kgDWであり，玄米が0.81(0.41 ～ 2.84)mg/kgADWであった．

　カドミウム汚染田の主要な対策は，非汚染土で20cmの客土を行うものであった．対策事業終了後の作土中カドミウム濃度は，年毎の平均で0.032 ～ 0.058mg/kgDWと低濃度になっており，玄米中カドミウム濃度も平均(範囲)が0.05(0.01 ～ 0.18)mg/kgADWとなっていた(石川県, 1983)．

　1974年産米の町別カドミウム濃度と健康診断成績から，50歳以上の女子ではコメ中濃度が0.1mg/kgADW以上で，50歳以上の男子では0.15mg/kgADW以上で，腎障害の指標であるRBP(±)以上の所見率が高まり，このようにカドミウム濃度の低いコメを摂取していても腎障害が生じることが明らかにされた(河野, 1976)．その後の疫学調査によって，最終的には200人(6.3％)が石川県環境保健委員会により，公式にカドミウムによる腎尿細管障害を有すると認定され，経過観察が必要とされた(城戸, 1999)．

　また，この地域では3人のイタイイタイ病患者が見出された(加須屋, 1999a)．

3.5 小坂鉱山地域

　秋田県はわが国有数の鉱山県であり，銅は全国産出量の過半数を，また鉛，亜鉛，銀なども上位を占めている．秋田県における鉱山開発の歴史は古く，口碑によれば708年の尾去沢鉱山の発見に始まり，ついで806年に太良鉱山，1500年代には大葛金山，日三市鉱山等が稼行していたといわれ，1700年代には秋田県における

凡例
● 休廃止鉱山

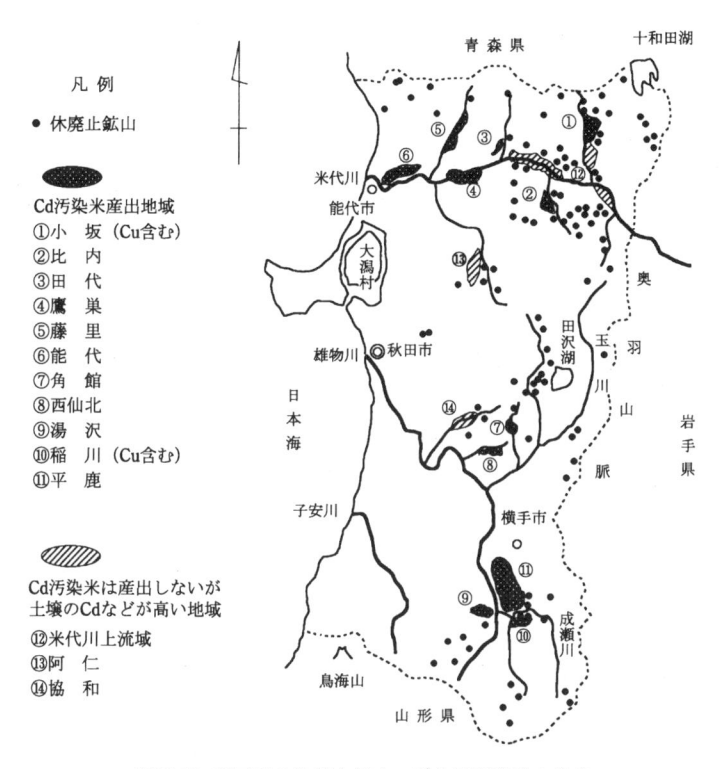

Cd汚染米産出地域
①小　坂（Cu含む）
②比　内
③田　代
④鷹　巣
⑤藤　里
⑥能　代
⑦角　館
⑧西仙北
⑨湯　沢
⑩稲　川（Cu含む）
⑪平　鹿

Cd汚染米は産出しないが
土壌のCdなどが高い地域
⑫米代川上流域
⑬阿　仁
⑭協　和

図3.10 秋田県の休廃止鉱山，重金属汚染地の分布　尾川（1994）

著名な鉱山の大半が開発されている．各地に非鉄金属鉱山の休廃止鉱山が238鉱山あり，また現在でも稼働している鉱山がある．1968年頃からカドミウム等重金属による農用地汚染が大きな問題となった（秋田県，1982a）．

したがって，秋田県における土壌汚染対策地域は富山県（1630ha）に次いで多く，22ヵ所1571haある．尾川（1994）による秋田県における休廃止鉱山および重金属汚染地域の分布を図3.10に示した．汚染地は主として北部の米代川流域，中央部の山寄りの地域および東南部山間地域に集中しており，特に県北地域に多い．ここでは県北に位置する小坂鉱山について述べる．

小坂鉱山の歴史は古く，1861年の銀鉱発見以来，日本の3大鉱山に数えられ，幾多の変遷を経て，現在，同和鉱業の所有となっている．公害の歴史も古く，被害農民は1908年に鉱山側と鉱毒に関する交渉をしており，1915年には鉱毒除外

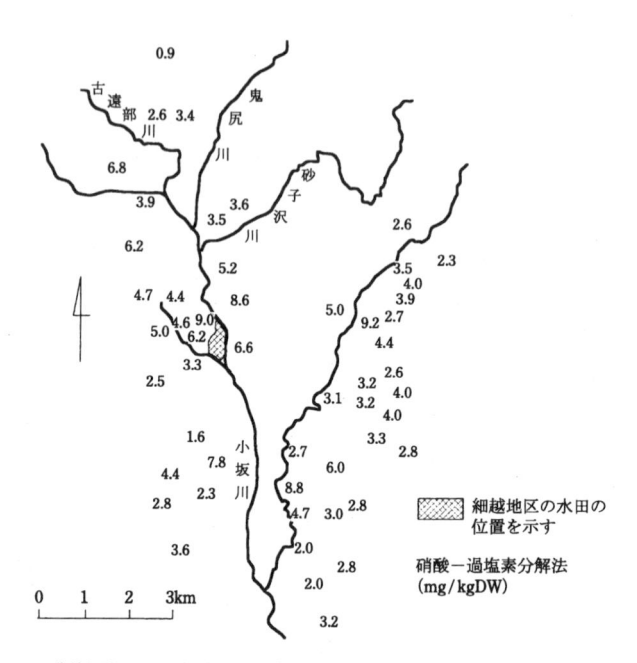

図 3.11 製錬所周辺の山地および畑表層土のカドミウム濃度（小坂鉱山）
本間ら（1977）

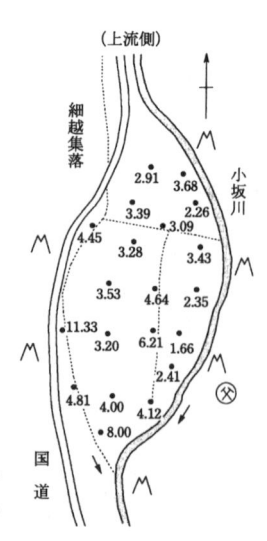

図 3.12 小坂町細越地区水田作土のカドミウム濃度の水平分布（小坂鉱山）　尾川（1994）

施設設置の要望書を政府に提出している．1926年には煙害賠償問題がこじれて竹槍事件にまで発展した（本間ら，1977）．汚染源は小坂鉱山が排出する鉱山排水および排煙である．

小坂鉱山からの排煙による山地および畑土壌のカドミウム汚染の状況は図3.11に示した（本間ら，1977）．広範囲にわたる汚染が確認され，畑作物や山菜の汚染が心配される．対策地域に指定された水田の大部分は細越地区にあり，カドミウム等重金属によって汚染された灌漑水と排煙によって汚染されたものと考えられる．細越地区水田作土のカドミウム濃度分布を図3.12に示したが，1.66～11.33mg/kgDWであった．また，細越地域の1973年産玄米中カドミウム濃度の平均値（範囲）は0.78(0.16～4.81)mg/kgADWであった（尾川，1994）．

小坂町の指定面積は，カドミウム汚染について細越地区32.7ha，濁川地区1.5ha，牛馬長根地区0.5ha，銅汚染について長沢地区8.2ha，合計42.9haであった．カドミウム汚染田については主として非汚染土壌の20cm上乗せ客土により修復工事を行った（秋田県，1982b）．

斎藤ら(1975)，Saitoら(1977)は1972～74年の3年間に住民検診を4回実施し，137人中尿蛋白・尿糖同時陽性者を33人見出した．33人のうち25人について尿細管機能を中心とする詳細な腎機能検査を行い，10例の多発性近位尿細管機能異常症を見出した．なお，この地域ではイタイイタイ病患者は見出されていない．

3.6 渡良瀬川流域（足尾銅山）

渡良瀬川流域の汚染源は，栃木県にある足尾銅山である．現在，カドミウムおよび銅によって農用地汚染対策地域に指定されているのは渡良瀬川流域にある桐生市と太田市の377.8haである．徳川時代に「松木せんげん」といって栄えた，と伝えられる渡良瀬川上流の松木村は，松木川を遡上して襲った煙害と古河市兵衛が突きつけた永久示談書によって消された．村民がすべて村を去ったのは1903年頃[注]のことであった．したがって，ここには修復すべき農地はない．また，政府は，渡良瀬川の洪水被害を緩和するとして，渡良瀬川と利根川の合流地点に近い谷中村（1200町歩，450戸）を取りつぶして遊水池にした．この遊水池は，渡良瀬川の鉱毒を，足尾銅山の処理によってでなく，農民の犠牲によって解決しよ

[注] 示談成立が1901年12月であり，やがて1人を除いて村を去った．しかし，その時期は明確にはわからないのかもしれない．

うとしたものである．谷中村への働きかけは，日露戦争の間に着々と進められ，ついに1906年6月の強制破壊となった（神岡, 1987）．したがって，ここにも復元すべき農地は残っていない．

金井（1971）によれば，渡良瀬川は足尾製錬所付近の松木川と仁田元川との合流地点から始まり，渡良瀬川遊水池を経て利根川と合流するまでの総延長95.1km，2641km^{2}の流域をもつ河川で，その間に多くの流入河川がある．渡良瀬川上流部にある足尾銅山の地形は急峻であり，1887

写真3.2 足尾銅山 （著者撮影）

年の山火事後，製錬所の煙害によって樹木は育たず山肌は荒れ地になっている．また，鉱山から群馬県大間々町に至る間の両岸は傾斜が強く水深が浅い．しかも降雨量が多いため，しばしば氾濫し，大間々町以南から利根川に合流するまでの群馬，栃木両県にまたがる渡良瀬川沖積地の耕地に多量の銅を運び込み，公害発生の大きな原因となっていた．

鉱物の種類は，黄銅鉱を主として，黄鉄鉱，磁硫鉄鉱，閃亜鉛鉱，方鉛鉱など40種以上に及んでいる．足尾銅山は1610年足尾村の農民によって鉱脈が発見され採掘を開始したのに始まり，その後幕府および明治政府の直轄鉱山として開発されたが，1877年古河市兵衛に払い下げ，古河鉱業足尾銅山が発足した．

1878年頃から農業・水産業などをはじめ，下流住民の生活に対する被害が目立ち，その範囲は栃木，群馬，埼玉，茨城，千葉の5県に及んだ．1880年水田1450haに発生した大被害を契機として，いわゆる足尾鉱毒事件の口火が切られたのである．1890年の大洪水により毒水が流下して大被害を及ぼしたことによって，翌1891年以来栃木県選出代議士田中正造が国会において問題解決を図ったが，目的を達せず，1901年天皇に直訴をくわだて拘束された．帝国大学農科大学助教授古在由直らが被害地の調査を行ったのはこの頃からである．古在らの調査報告に基づき政府は1903年足尾銅山に対し鉱毒防御工事の施工を命じた．その結果，

表 3.5 渡良瀬川沿岸農用地の作物被害状況および作土中銅, 硫酸濃度（足尾銅山）
(mg/kgADW)

場　所	地目	作物の種類・状況	酢酸可溶酸化銅	全酸化銅	硫　酸
栃木県足利郡吾妻村	水田	稲・皆無	530	900	—
	水田	稲・通常	60	350	640
	畑地	麻	360	—	—
	畑地	小麦・皆無	560	2280	—
	畑地	大麦・皆無	680	1840[a]	—
	畑地	大麦・皆無	660	2240	—
	畑地	陸稲・皆無	740	—	—
	畑地	陸稲・皆無	670	—	—
	畑地	陸稲・皆無	600	—	—
栃木県足利郡毛野村	水田	稲・通常	30	400	860
	畑地	芋・皆無	240	—	—
栃木県梁田郡梁田村	畑地	大麦・皆無	260	1290	—
	畑地	大麦・1割減	痕跡	640	—
	畑地	大麦・皆無	560	—	—
栃木県安蘇郡植野村	畑地	蕓薹(なたね)・2割減	260	690	—
	畑地	大麦・皆無	360	1540	—
栃木県安蘇郡界村	畑地	小麦・通常	—	890	—
	畑地	大麦・殆ど皆無	340	1540	—
	畑地	大麦・皆無	400	2690	—
群馬県山田郡桐生村	水田	皆無	220	590	—
	水田	皆無	840	2190	—
	水田	皆無	360	—	—
群馬県山田郡境野村	水田	皆無	600	1790	—
	水田	皆無	800	—	2130
	水田	皆無	560	—	—
群馬県山田郡廣澤村	水田	皆無	260	—	—
	水田	皆無	500	—	—
	水田	皆無	740	3290	—
群馬県山田郡毛里田村	水田	—	620	1540	—
	水田	皆無	820	1110	2750
	水田	皆無	660	—	2030
	水田	2割減	100	—	670
群馬県新田郡強戸村	水田	皆無	220	—	—
	水田	通常	50	550	690
群馬県邑楽郡大島村	畑地	皆無	180	—	—
	畑地	通常	20	—	—

古在（1892）

（浅見注）
・古在論文の土壌分析のあるもののみを再録した.
・群馬県のデータには作物名がない. 毛里田村の1水田には作物の状況がない.
a: 本論文には8140mg/kgADW とあったが, 東京化学会誌（1892）に, 1840mg/kgADW とあり, 他の土壌の酢酸可溶性酸化銅と全酸化銅との比を考慮すると, こちらの方が正しいと考えられた.

鉱滓の堆積場廃水と坑内水の石灰中和浄水場が設置されるとともに洪水調節用の赤間遊水池が造られたことにより，大きな被害発生はみられなくなり小康状態が保たれていた．

しかし，昭和10年代に新選鉱法として浮遊選鉱法が大規模に採用され，これにともなって100〜200メッシュの微粒子（スライム）が大量に排出され，これは鉱山敷地内や沢や渓流沿いに造られた堆積場に捨てられた．さらに，第二次大戦中の鉱山保安を無視した濫掘と管理不十分のため，これら堆積場は荒廃し，スライムは雨水によって洗い出され，下流域の耕地に侵入して被害を大きくした．そして，1958年に源五郎堆積場が決壊し大量の銅等が水田に流入して多大の被害を与えるにいたり，一時小康状態を保っていた鉱毒事件が再燃したのである．

古在（1892）によれば，栃木・群馬県の被害地はすべて渡良瀬川沿岸にあり，その総面積は1650余町歩（1町歩は約1ha）であった．栃木県では畑の被害が多く，群馬県では水田の被害が多かった．古在による水田および畑土壌についての分析結果を表3.5に示した．これは，重金属による土壌汚染について，はじめて学会誌に掲載された記念すべきデータである．水稲では，水田作土中酢酸可溶酸化銅および全酸化銅濃度は，被害なしの場合の最高値が60および550mg/kgADW，収穫皆無の場合の最低値は220および590mg/kgADWであった．

近年の調査によれば，渡良瀬川を灌漑水源とする水田は約1万haあり，そのうち約8割の8250haが群馬県に属している．栃木県側の取水口は群馬県側の取水口よりも下流にあるために，農業被害は群馬県側の

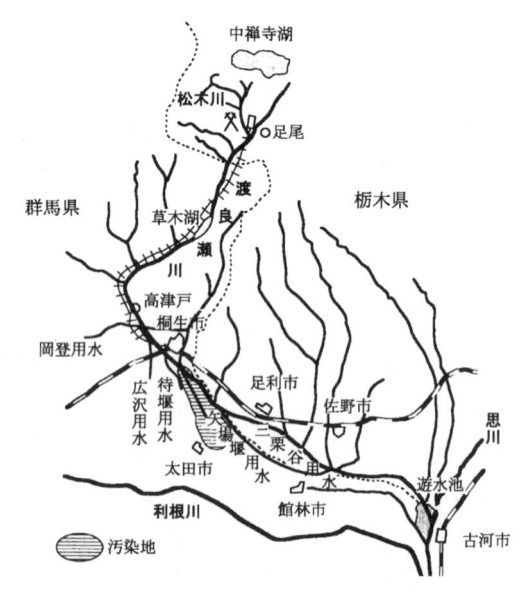

図3.13 渡良瀬川流域・カドミウム汚染地の概略
（足尾銅山）

山田（1979）

方が多い．群馬県側の農業被害の面積は農地局が 1965 年度に行った調査によると潰地を含めて 5384ha，被害量は水稲 1422t，裏作小麦 1750t であった．群馬県側で渡良瀬川の水を潅漑している水田 7000ha を対象にし，約 80 カ所の水田の調査を行ったところ，全銅濃度で第 1 層（作土）が平均 976（510 〜 2020），第 2 層（鋤床）が 977（360 〜 1550），第 3 層（心土）が 815（280 〜 1180）mg/kgADW であって，心土まで非常に高い値を示していた（金井，1971）．また，金井（1971）の実験によって水田の水口付近では一潅漑期間で作物に対する有害限界域を超える銅の集積が明らかにされた．

西口（1966, 1968），西口・大谷（1969）は足尾銅山からの銅の流出過程について基礎的な研究を行った．ここで，渡良瀬川の銅濃度は高水時において，平水時の数〜数十倍に増加する．これは水源地帯の降雨流出により鉱山地帯（廃石堆積場等）から銅イオン，銅化合物の流入が甚だしく増加するためと考えられる，と述べている．Morishita（1981）は西口らのデータから試算し，一潅漑期間中における足尾銅山から渡良瀬川への銅流出量の 80 〜 90％は，数回の強雨によってもたらされると述べている．

表 3.6 渡良瀬川流域土壌汚染対策地域の土壌中銅・カドミウム濃度および玄米中カドミウム濃度（足尾銅山）

地　区	土壌中銅濃度（水口加重平均）(mg/kgDW)					
	表層土（10 〜 15cm）			下層土（15 〜 30cm）		
	n	範囲	平均	n	範囲	平均
桐生市	56	133 〜 431	261	24	75 〜 338	170
太田市	204	130 〜 404	214	189	42 〜 302	83
合計（平均）	260	130 〜 431	225	213	42 〜 338	93

地　区	土壌中カドミウム濃度 (mg/kgDW)						玄米中カドミウム濃度 (mg/kgADW)		
	表層土（10 〜 15cm）			下層土（15 〜 30cm）					
	n	範囲	平均	n	範囲	平均	n	範囲	平均
桐生市	1	1.00	1.00	1	0.27	0.27	1	1.04	1.04
太田市	20	0.80 〜 2.04	1.55	20	0.27 〜 1.84	0.98	20	0.34 〜 1.51	1.00
合計（平均）	21	0.80 〜 2.04	1.53	21	0.27 〜 1.84	0.95	21	0.34 〜 1.51	1.04

土壌中の銅，カドミウムは 0.1M 塩酸抽出法
細密調査（1971 〜 73）

群馬県（1980 頃）

古在による調査時点では，カドミウム汚染は明らかになっていなかったが，近年，カドミウムによる汚染も問題になっている．水田土壌汚染が問題になっている地域の概略図を図3.13（山田，1979）に示した．1972年と74年に桐生市と太田市の377.81haが農用地汚染対策地域として指定された．この中でカドミウム汚染による対策地域が39.45ha，銅汚染による対策地域が377.81haである．すなわち，カドミウム汚染地はすべて銅汚染地でもあった．この地域の土壌中銅・カドミウム濃度と玄米中カドミウム濃度を表3.6（群馬県，1980年頃）に示した．

写真3.3 龍蔵寺境内の旧松木村の無縁石塔（著者撮影）
（左下の案内板には以下の記述がある）

旧松木村の無縁石塔

　この地に足尾製錬所が建てられたのは，明治17年(1884)である．製錬所で鉱石を溶かす時に出る煙の中には，有害な亜硫酸ガスが含まれ，付近の草木を枯らす，いわゆる煙害が出始めた．松木村の記録によれば，明治21年には桑の木が全滅し，22年には養蚕を廃止した．20町歩（約20ヘクタール）の農作物（大麦・小麦・大豆・小豆・ヒエ・キビ・大根・人参）は，33年までに次々と無収穫となった．明治25年まで40戸，人口270名だったものが，33年に戸数30戸，人口174名に減り，34年には1戸を残して全員松木を去り，廃村となった．（中略）

　（昭和31年）松木川に沿った旧松木村の無縁仏をこの龍蔵寺境内に合祀した．なお，久蔵川(くぞう)に沿った旧久蔵村の無縁石塔，仁田元川(にたもと)に沿った仁田元村の無縁墓（昭和56年12月建設）もこの境内にある．

昭和57年3月　　　龍　蔵　寺

神通川流域と同様に，土壌中濃度が低いにもかかわらず玄米中カドミウム濃度が高い傾向が認められる．

汚染田の修復は，主としてカドミウム汚染田については20cmの排土客土，銅汚染田については7～16cmの排土客土で行った．

3.7 碓氷川流域（安中製錬所）

この地域の汚染源は，群馬県安中市にある東邦亜鉛安中製錬所である．高田（1975）によれば，工場の敷地にされた場所は数町歩におよぶ豊かな桑園地帯であった．工場は，鉄カブトや農機具などの「高度鋼」を製造するものであるから，鉱害の心配などない．煙突などもたてない安全な工場である，などと言って地元農民を説得し，工場敷地の買収に協力させた．工場敷地には「日本高度鋼株式会社」の看板を掲げていた．ところが，工場完成の翌日になると看板を「日本亜鉛製錬」に変えて，亜鉛製錬の操業を1937年から始めた．操業第1日目から排煙は付近一帯の桑園や草木を白く変色させ，枯れさせた．

鉱害の原因は排煙中の亜硫酸ガスその他の有害物質（重金属やヒ素），および排水中に含まれ，碓氷川・柳瀬川に流入するカドミウムなどの重金属であった．**表3.7，表3.8**に群馬県農業試験場（1970）による水田作土および玄米中のカドミウムおよび亜鉛の分析結果を示した．この調査は，7章で述べる日本公衆衛生協会（1969）による安中地域のカドミウム公害調査の翌年行われたと考えられるが，

写真3.4 東邦亜鉛安中製錬所 （著者撮影）

表3.7 安中水田作土のカドミウム,亜鉛濃度(安中製錬所)

(mg/kgDW)

地区	用水堰名	n	カドミウム 平均(範囲)	亜鉛 平均(範囲)	汚染,非汚染地区の別
安中製錬所 上流部	九十九柳瀬川	21	1.81 (1.33 〜 2.76)	167.7 (117.8 〜 232.2)	非汚染地区
	柳瀬川	9	8.38 (4.92 〜 10.82)	564.2 (349.8 〜 693.7)	汚染地区
安中製錬所 周辺部	柳瀬川 坂鼻第二	22	18.08 (11.61 〜 26.25)	1307 (599.2 〜 1697)	汚染地区
安中製錬所 下流部	立町	14	12.99 (5.56 〜 21.03)	650.6 (318.4 〜 1181)	汚染地区
	原ノ郷	5	11.67 (4.80 〜 21.34)	595.0 (353.0 〜 875.9)	汚染地区
	金カ崎	8	11.49 (4.77 〜 22.29)	579.5 (311.5 〜 1026)	汚染地区
	寺尾	9	5.54 (1.14 〜 11.61)	376.5 (137.0 〜 653.1)	汚染地区
	根小屋	8	3.12 (1.69 〜 4.62)	247.4 (146.9 〜 395.1)	汚染地区
	八幡,雁行川 衣沢,荒久川	18	0.75 (0.48 〜 1.19)	106.3 (73.5 〜 142.7)	非汚染地区

硝酸-過塩素酸分解法　　　　　　　　　　　　　　　　群馬県農業試験場(1970)から作成

表3.8 安中産玄米のカドミウム,亜鉛濃度(安中製錬所)

(mg/kgADW)

地区	用水堰名	n	カドミウム 平均(範囲)	亜鉛 平均(範囲)	汚染,非汚染地区の別
安中製錬所 上流部	九十九柳瀬川	20	0.18 (0.10 〜 0.54)	20.5 (15.7 〜 25.8)	非汚染地区
	柳瀬川	9	0.39 (0.23 〜 0.61)	26.0 (20.2 〜 32.9)	汚染地区
安中製錬所 周辺部	柳瀬川 坂鼻第二	24	0.56 (0.36 〜 0.88)	39.1 (26.3 〜 57.9)	汚染地区
安中製錬所 下流部	立町	14	0.32 (0.18 〜 0.76)	29.2 (23.3 〜 37.3)	汚染地区
	原ノ郷	9	0.50 (0.30 〜 1.18)	25.9 (23.3 〜 32.4)	汚染地区
	金カ崎	12	0.42 (0.11 〜 1.41)	26.9 (21.0 〜 33.6)	汚染地区
	寺尾	15	0.23 (0.10 〜 0.81)	21.8 (15.2 〜 34.0)	汚染地区
	根小屋	12	0.27 (0.08 〜 0.60)	23.7 (15.6 〜 33.4)	汚染地区
	八幡,雁行川 衣沢,荒久川	18	0.13 (0.06 〜 0.38)	22.5 (15.5 〜 48.5)	非汚染地区

群馬県農業試験場(1970)から作成

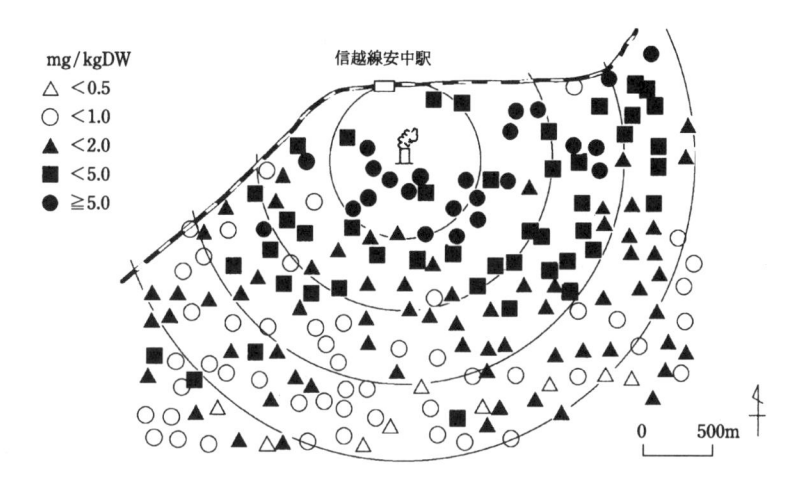

図 3.14 安中畑作土中カドミウムの地理的分布（安中製錬所）
6M 塩酸加熱浸出法
久保田(1990)

表 3.9 安中産夏野菜のカドミウム濃度（安中製錬所）

（濃度は可食部の mg/kgDW）

食　　品	n	平均濃度	濃度の範囲
ナ　　ス	52	2.37	0.34 〜 7.40
ネ　　ギ	51	1.80	0.18 〜 5.40
キュウリ	32	0.59	0.18 〜 1.54
ト　マ　ト	30	0.96	0.07 〜 3.21
キャベツ	10	1.56	0.21 〜 3.65
ジャガイモ	9	1.03	0.64 〜 1.52
サトイモ	6	5.91	1.45 〜 16.5
ニンジン	5	5.85	2.73 〜 10.9
大　　根	4	1.40	0.45 〜 2.85
セ　ロ　リ	2	4.89	4.21 〜 5.56
春　　菊	1	4.97	—

1984 年 7 月調査

安中公害原告団・安中公害弁護団(1991)

やはり非汚染とされている水田は土壌中重金属濃度および玄米中カドミウム濃度から見て明らかに汚染されている．また，図 3.14 に畑作土のカドミウムの分布を示した．畑土壌の汚染もかなりあり，表 3.9 に示すように畑作物中カドミウム濃度も高かった．

安中地域では水田 114.42ha，畑 19.66ha，その他 5.00ha，合計 139.08ha が農用地土壌汚染対策地域として指定された．水田土壌の汚染を除去するための工事計画は，原則として，排土→排土後混層耕→客土→土壌改良資材投入→撹拌耕というものであり，排土の深さは 10～20cm，混層耕は 15cm，客土は 10～30cm（大部分が 15cm 以下）であり，撹拌耕は 15cm であった．この対策では完全な修復は望むべくもない．事実，平田（1988）は修復が済んだ水田で 1973～86 年に生産された玄米中カドミウムについて，群馬県が分析した結果をまとめている．それによれば，最大値が 0.39mg/kgADW の年が 14 年間で 3 回，0.38mg/kgADW が 6 回あった．このような数字は明らかに異常であり，0.4mg/kgADW 以上の玄米が生産された可能性は否定出来ない．また，指定地内の畑土壌の修復工事は 2005 年現在まだ全く行われていない．

安中製錬所は現在も操業を続けており，再汚染の可能性が当然考えられる．

3.8 日橋川流域（日曹金属会津製錬所）

汚染源は福島県耶麻郡磐梯町の日橋川のほとりにある日曹金属会津製錬所である．この工場は 1916 年に操業を開始し，亜鉛製錬所としては，日本で最も古いものの一つである．環境汚染が問題となった 1969 年における生産量はカソード亜鉛[注1] 29633t，電気鉛[注2] 2715t，カドミウム 202t であった．これ以外にも銅，ビスマス，金，銀，アンチモン，スズなどを生産していた（浅見，1972）．

浅見（1972）による水田作土中カドミウム濃度と土壌中および玄米中カドミウム濃度の関係を図 3.15，図 3.16 に示した．図 3.16 からわかるように，会津盆地東側の排水汚染地帯の方が，玄米中カドミウム濃度は高いようである．しかし，会津盆地の水田は農用地土壌汚染対策地域の指定を受けていない．その理由は，会津盆地の水田産玄米中カドミウム濃度が最高でも 0.99mg/kgADW であって，1.0mg/kgADW 以下であったためとされている．今後，国際的に精米のカドミウ

[注1] カソード亜鉛：亜鉛製錬の際，電解槽のカソードに析出した亜鉛．

[注2] 電気鉛：鉛製錬の際，カソード鉛を溶融炉で処理した鉛．

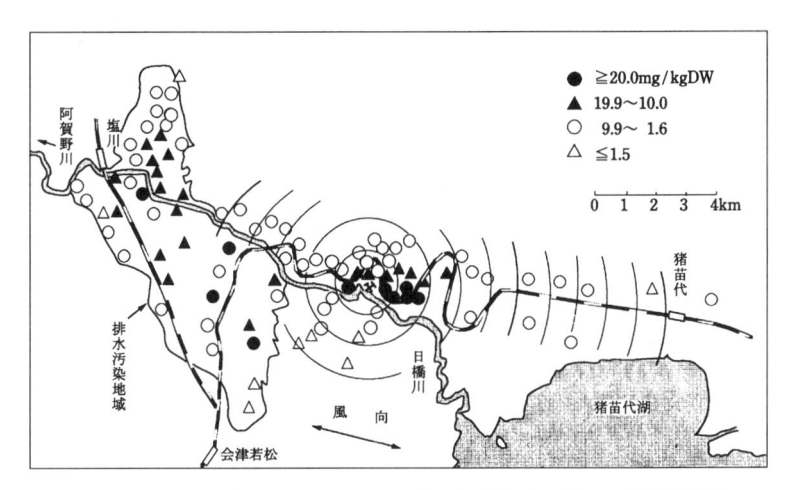

図 3.15 水田作土中カドミウム濃度の地理的分布（日曹金属会津製錬所）
浅見（1972）

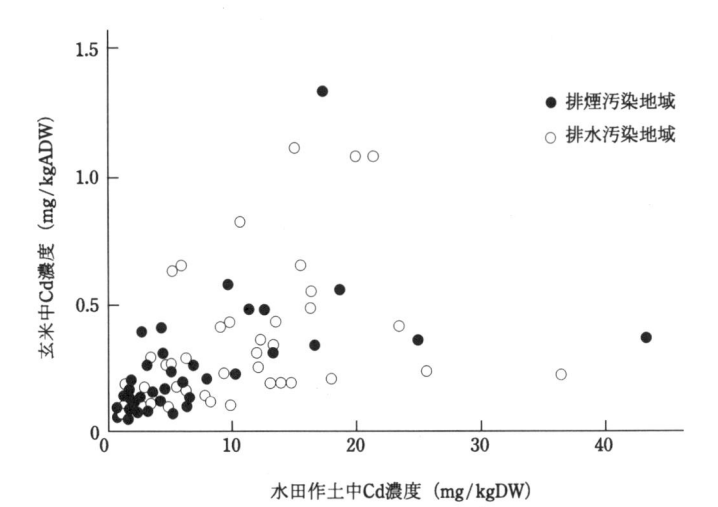

図 3.16 水田作土中カドミウムの濃度と玄米中カドミウム濃度との関係（日曹金属会津製錬所）
浅見（1972）

ム濃度の最大レベルが 0.2 あるいは 0.4mg/kgADW に最終決定された場合，この地域のカドミウム汚染田の修復が大問題になることは明らかである．

1972 年に日曹金属の近くの磐梯町にある水田等 112.0ha だけが農用地土壌汚染対策地域として指定された．指定地域の大部分は黒色土壌（火山灰土）である．修復工法として 25cm の上乗せ客土法を採用した．館川・菅家（1985）は修復工事後 10 年間の水田土壌および産米中カドミウム濃度について報告している．

すなわち，

「(1) 稲作期間（6〜9 月）に降下するカドミウム量は，調査開始時 1972 年に比べて，1985 年当時は約 25〜30％まで減少している．

(2) 水田土壌中のカドミウム濃度の平均値（範囲）は，0.1M 塩酸浸出法で，客土材料には 0.20mg/kgDW であったものが，復元工事 5 年後には 0.24（0.19〜0.33）mg/kgDW で 20％増，10 年後では 0.41（0.25〜0.58）mg/kgDW で約 2 倍の値を示した．特に 6 年目以降頃から上昇する傾向が見られ，10 年後の時点で 0.5mg/kgDW を超える調査地点の割合が増加していた．この傾向は汚染源から近距離地域で著しい．

(3) 玄米中カドミウム濃度は，年次による変動が見られるが，客土当初は 0.094（0.080〜0.108）mg/kgADW であったものが，5 年後では 0.090（0.044〜0.109）mg/kgADW，10 年後では 0.109（0.092〜0.132）mg/kgADW と約 15〜20％ほど高まって来た．高温であった 1984 年は 0.116（0.091〜0.132）mg/kgADW と一段と高い値を示した」

と述べられている．館川・菅家（1985）の調査から，さらに 20 年経過した現在（2005 年），再汚染が一層進行しているものと推察される．

4章 カドミウムは土壌から植物へ

　土壌を汚染したカドミウムは，土壌に吸着されて長い間土壌中に存在し，少しずつ植物によって吸収され，作物であれば，ヒトによって食べられる．では，土壌によるカドミウムの吸着・蓄積，また植物へのカドミウム吸収は，どのように行われるのであろうか？

　日本では，有害金属による土壌−植物系の汚染についての研究は，水田についてのものが圧倒的に多い．その理由は，日本でコメは最も重要な基幹作物であり，また農用地土壌汚染防止法で規定されているのが，カドミウムの場合を除いて水田であるためである．カドミウム汚染についても，陸稲を栽培した場合に限られ，農用地土壌汚染対策地域に指定されている畑は，安中地域の小面積である．しかし現在では，コーデックス食品添加物・汚染物質部会で畑作物についての基準も検討されている．今後，畑の土壌−植物系におけるカドミウムなど有害金属の挙動についての研究が進むであろう．ここでは汚染潅漑水中カドミウムの水田土壌への吸着・蓄積に関係する諸問題，吸着されたカドミウムの水稲による吸収の機構について述べることにする．

4.1 汚染潅漑水中カドミウムの水田土壌への集積

　水田は1作で平均15000t/haの潅漑水を必要とする．北陸農業試験場の伊藤・飯村（1974）によれば，水田土壌と平衡状態にある河川水中カドミウム濃度が0.1μg/Lより高いと，カドミウムはその約90％が土壌に吸着される．非汚染河川水中カドミウム濃度は0.05〜0.1μg/L程度と考えられているので，潅漑水中カドミウム濃度が非汚染レベルを超えると水田土壌中にカドミウムが集積することにな

る．伊藤・飯村（1974）は，今から30年も前に水質基準との関連で次のように警告している．

「自然界の水中のカドミウム濃度は…0.1ppb程度である．平衡法でカドミウムの吸着を調べた実験は自然界の平衡を破って少しでも汚染が加われば，その汚染の程度に比例して河川底質や水田土壌などにカドミウムの蓄積が進んでいることを示している．また，土壌中にかなりの共存イオンの存在，ある程度のpHの低下があっても平衡液中のカドミウム濃度が0.01ppmのところでは相当の吸着がおこり，土壌の汚染が急速に進行していくものと考えられる…カドミウムの水質基準である0.01ppmを含む用水を灌漑した場合，用水量が10アール当たり年間1500t程度とすると，10アール当たり15gのカドミウムが用水から水田にはいる．これを水田土壌を10アール当たり100tとして計算すると土壌のカドミウム含量を年間0.15ppm上昇させる量に相当する．非汚染水田土壌中には平均0.45ppm程度のカドミウムを含有しているという調査結果が出されている．このことを考慮して，0.01ppmの用水を灌漑した場合，土壌中カドミウム濃度は数年〜10年以内という比較的短期間に1ppm程度に達すると考えられる．土壌中カドミウム濃度と玄米中カドミウム濃度に関する筆者らの実験によると土壌の種類，水管理のちがいによっては，玄米中カドミウム濃度が土壌中のカドミウム濃度の2倍以上に高まることがある．したがって，土壌にカドミウム汚染が若干でも加わると土壌の種類や水管理のちがいなどによっては玄米中カドミウム濃度が著しく高まり，0.4ppm（要観察基準）あるいは1ppmをこえるものが生産される可能性が生じる．以上のことから水質基準についてはカドミウムの土壌汚染を防ぐ立場から再検討を必要とする．少なくとも現行の基準の10分の1以下に押さえなければならない」

しかし，この時から30年経った現在でもカドミウムの水質基準は0.01mg/Lのままである．

しかも，農業環境技術研究所の牧野（2004）の『洗浄法によるカドミウム汚染土壌の修復』という最近の報告を見ると，

「薬剤洗浄および水洗浄処理時に生じた排水中のカドミウムは現場設置型の処理装置により回収除去することで，排水基準（0.1mg/L）以下の0.003-0.019mg/Lに低減できた．以上の結果により，本洗浄システムは農家圃場に適用できることが明らかとなった」

と述べている．ここには，飯村らの警告がまったく考慮されていない．牧野のいう排水基準は工場の排水基準であり，しかも工場の排水基準には上乗せ基準を作ることも認められており，茨城県や千葉県のように10分の1の0.01mg/Lときび

しい地域もある．また，水質に関する環境基準は先述のように 0.01mg/L である．0.003-0.019mg/L の排水によって他の水田土壌が汚染される可能性があることを考えないのであろうか．

なお，日本における飲料水中カドミウムの基準値は、0.01mg/L であるが，WHO（1993）の勧告では，0.003mg/L と、日本の基準の3分の1以下になっている．

4.2 粘土鉱物や土壌有機物への重金属の吸着

土壌に集積するカドミウムは粘土鉱物[注1]，金属酸化物，腐植物質[注2] のような土壌構成分に吸着されて存在する．ここでは土壌へのカドミウムの吸着について，亜鉛，鉛，銅の吸着と対比させて考察する．

土壌や粘土鉱物による陽イオン交換では，交換基の各陽イオンに対する選択性がある．著しい選択性を示す陽イオンの吸着を特異吸着と呼んでいる．特異吸着された重金属イオンは溶液中カルシウムイオン濃度を高めても，脱着・交換はほとんど起こらないので，土壌中の重金属イオンはなかなか溶脱されない．和田（1981）は5種類の重金属，陽イオン交換物質を異にする5群の土壌について，選択性交換基の割合をカルシウム飽和試料で比較した．その結果，ハロイサイト，アロフェン，イモゴライト[注3] を含む土壌，酸化鉄濃度の高い土壌で重金属イオンに対する選択性の強い交換基の割合が高く，腐植，カオリナイト[注3] を含む土壌がこれにつぎ，モンモリロナイトを含む土壌では著しく低くなっていた．また，重金属イオンの種類によっても選択性の強い交換基の割合は異なり，一般に Pb, Cu>Zn>Co, Cd の順に選択性の強い交換基の割合が減少していた．この特異吸着は重金属原子が，水素イオンを解離した粘土鉱物の水酸基，あるいは腐植のカル

[注1] 粘土鉱物：粘土（土壌無機粒子のうち 2μm 以下の部分）は石英や長石など一次鉱物の微粒子を含むが大部分は二次鉱物からなっている．二次鉱物は主に珪酸塩鉱物と酸化・加水酸化鉱物からなっている．珪酸塩鉱物には結晶質と非晶質（及び準晶質）のものがあるが，これらを総称して粘土鉱物と呼ぶ．ただし，粘土鉱物という語は粘土中のすべての二次鉱物を指して用いられることがある．ハロイサイト，カオリナイト，スメクタイト などは結晶性粘土鉱物，アロフェンは非晶質粘土鉱物，イモゴライトは準晶質粘土鉱物である．

[注2] 腐植物質：陸上および水界に存在する生物起源で，微生物によって分解され難い黄色－黒色をした複雑な高分子有機化合物の総称．酸としての性質をもっている．

[注3] ハロイサイト，アロフェン，イモゴライト，カオリナイト：粘土鉱物参照．

ボキシル基の酸素原子との間に，共有結合性の性格の強い結合が形成されることによると考えられる．

また，佐伯ら(2003)およびSaeki(2004)はカオリナイトとベントナイト[注]に対するカドミウムの選択的吸収について実験した．その結果，カオリナイトとベントナイトに対してCd^{2+}は，Ca^{2+}と同じような機構で，主として同型置換に由来する負荷電に水和イオンとして吸着している．これは土壌において優勢な重金属陽イオンの吸着機構，すなわち酸化鉄のような金属酸化物や腐植上の官能基との結合とは異なっている．したがって，土壌中におけるCd^{2+}などの重金属イオンの吸着挙動を調べる上で，カオリナイトなどの層状珪酸塩鉱物を土壌のモデルとして用いることがあるが，これは重金属イオンの移動性の過大評価を招き，土壌の吸着固定能の過小評価を招いてしまう可能性があり，適当とは言い難いと述べている．

土壌による重金属イオンの吸着を論じる場合には，土壌そのものを実験に用いる必要がある．また，個々の土壌構成分による吸着実験から，土壌そのものによる重金属イオンの吸着現象を論じる場合には，これら各種物質による実験結果から総合的に判断する必要がある．

なお，佐伯ら(2003)およびSaeki(2004)の実験結果から考えて，和田(1981)による土壌を用いた実験結果は土壌を構成する粘土鉱物によるというよりも，土壌中の金属酸化物や腐植物類に由来するものと推察される．

4.3 酸化還元電位の変化とカドミウムの溶解性変化

水田土壌に潅漑水が入ると，土壌中で土壌微生物が活発に活動し，土壌中の酸素が消費される．しかも，田面水によって土壌が大気と遮断されているので，水田土壌表面への酸素の供給は著しく減少する．そこで，水田土壌において還元状態が発達し，硫化水素が発生し，酸化還元電位（Eh）が低下する．

伊藤・飯村(1975)は水田土壌の酸化還元電位の変化にともなうカドミウムの溶解性変化についてポット試験を行った．土壌処理は，無処理，pH区（消石

[注] ベントナイト：アメリカ，ワイオミング州東部の白亜紀 Fort Benton 層中に産する粘土に対して命名された名称である．ベントナイトは交換性陽イオンが主にナトリウムであるスメクタイト（主に，モンモリロナイト）を主成分としている．ベントナイトは水中で数倍に膨潤する性質をもっている．

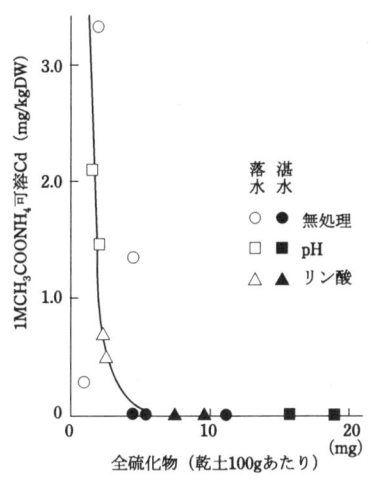

図 4.1a 土壌中における硫化物の生成とカドミウムの溶出
1M 酢酸アンモニウム溶液・pH7
伊藤・飯村（1975）

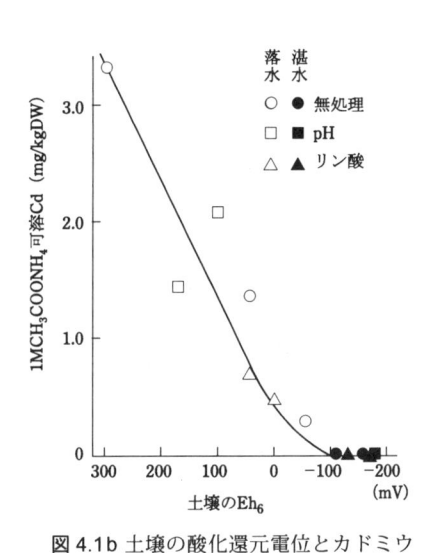

図 4.1b 土壌の酸化還元電位とカドミウムの溶出
1M 酢酸アンモニウム溶液・pH7
伊藤・飯村（1975）

灰で pH7.5 にした区），リン酸区（リン酸吸収係数（1140）の 100％をリン酸一カルシウムとリン酸二カルシウムの当量混合物を施用した）を設け，これらと全期湛水および幼穂形成期以降落水の 2 種類の水管理を組み合わせた．なお，カドミウムは 10mg/kgDW の割合で添加した．1M 酢酸アンモニウム溶液可溶カドミウムと全硫化物および Eh との関係を図 4.1a, 図 4.1b に示した．1M 酢酸アンモニウム（pH7.0）可溶カドミウム量は湛水区と落水区の間で明らかな差が認められた．まず，全硫化物との関係についてみると，落水により硫化物が酸化されて数 mg/100gDW 程度以下に減少すると酢酸アンモニウム可溶カドミウムが著しく増加した．また，Eh との関係でも落水により Eh_6 が $-100mV$ 以上に高まってくると酢酸アンモニウム可溶カドミウムが Eh_6 の上昇とともに増加していく傾向が明らかに認められた．この図 4.1a, b から明らかなように，水田土壌中では酸化還元電位の変化とともに $SO_4^{2-} \rightleftharpoons H_2S$ の変化が生じ，還元状態ではカドミウムは CdS として存在して溶解度が著しく減少するが，酸化状態ではカドミウムイオンとして存在して可溶性が増加する．

したがって，水稲によるカドミウムの吸収量は還元状態土壌からは少なく，

酸化状態土壌からは多いことがわかる．この現象は，水稲によるカドミウム吸収抑制法の原理として応用されている．

4.4 水稲によるカドミウムの吸収

伊藤・飯村（1976）は水耕液中カドミウム濃度を0.0〜3.0mg/Lにして，水稲の栽培実験を行った．生育は水耕液中カドミウム濃度が0.3mg/L以上になると分げつ（分蘗）が劣ってきた．また，0.1mg/Lで根毛の伸長が悪かった．しかし，葉色などに特に異常は認められなかった．玄米重は0.03mg/L区で減少の傾向にあり，0.1mg/Lで明らかな減少が認められた．水耕液中カドミウム濃度と水稲各器官のカドミウム濃度・玄米重指数との関係を対数目盛で表した（図4.2 a）．玄米中のカドミウム濃度をみると，対照の無添加区でも0.2mg/kgDWとかなりのカドミウム吸収があり，試薬や大気中などからかなりの汚染があったことが考えられた．水耕液中カドミウム濃度0.1mg/Lまでの間は濃度に比例して玄米中濃度の上昇割合が著しく，0.1mg/L区で3.19mg/kgDWであった．0.1〜3.0mg/L区の間は濃度上昇が緩やかで3.0mg/L区で玄米中カドミウム濃度は9.71mg/kgDWに達した．葉身[注1)]は水耕液濃度0.3mg/L，葉身中8.3mg/kgDW以上でカドミウム

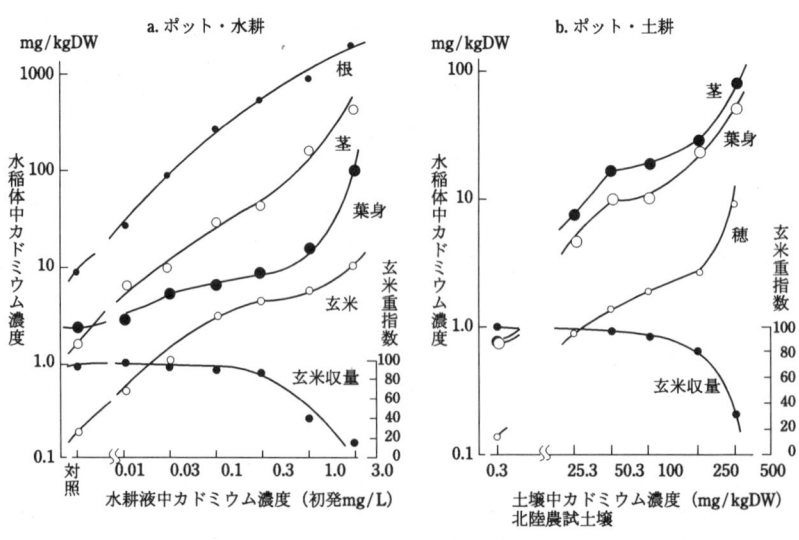

図4.2 水稲のカドミウム吸収と玄米収量

伊藤・飯村（1976）

濃度の上昇割合が高まり，1.0mg/L区，葉身中15.0mg/kgDW付近から急激に高くなった．一方，茎中濃度の上昇は水耕液濃度にほぼ比例するが，0.3mg/L区の154mg/kgDW以上でやや濃度上昇が急になる傾向がみられた．根中カドミウム濃度も水耕液中濃度に比例して上昇するが，0.1mg/L区あたりから勾配が若干緩やかになった．上述の葉身，茎のカドミウム濃度の急上昇は玄米重の減少と一致していた．玄米重が減少傾向をみせる0.03mg/L区のカドミウム濃度は玄米1.06，葉身5.4，茎10（茎葉9.0），根93mg/kgDWであった．

伊藤・飯村（1976）による土耕試験（ポット）は0～2000mg/kgDW区を設けて実施された（図4.2b）．用いた土壌には2M塩酸可溶カドミウムが0.3mg/kgDW含まれていた．初期生育はカドミウム添加濃度の増大とともに分げつが劣るが，250mg/kgDW以上になると明らかに生育が阻害された．1000mg/kgDW以上では活着出来なかった．分げつ期の後半になると生育の回復が見られ，肉眼的には100mg/kgDW区までは生育状況に異常は認められなかった．玄米収量は100mg/kgDW区で10％減収した．葉身は100mg/kgDW区，葉身中濃度10mg/kgDW，穂では250mg/kgDW区，穂中濃度2.5mg/kgDW付近からカドミウム濃度の急激な上昇が見られ，穂重の低下と一致しており，害作用発現との関連が推察された．穂重低下が明らかになる100mg/kgDW区でのカドミウム濃度は葉身9.8，茎18（茎葉16），穂1.8mg/kgDWであった．

4.5 水稲のカドミウム吸収と移行に及ぼす亜鉛とマンガンの影響

植物によるイオン吸収に際しての2つの特徴的な相互作用は，相乗作用と拮抗作用[注2]である．日本の多くの研究者によって土壌への亜鉛の添加が，水稲によるカドミウムの吸収を促進することが示された．

本間・平田（1976）は水耕液中のカドミウムと亜鉛の比が，2つの金属イオン

[注1] 葉身：葉の主部で，扁平・広大な部分．葉片．
[注2] 相乗作用と拮抗作用：相乗作用とは，複数の要因が重なることによって，それら個々がもたらす効果の和以上を生ずること．拮抗作用とは，ある現象について互いに効果をうち消しあう二つの要因が同時に働くこと．植物の微量元素ではマンガンと鉄との間に著しい拮抗作用があることが以前から分かっており，鉄が過剰になる時にはマンガン欠乏が激しくなり，逆にマンガンが過剰になると，鉄欠乏が促進される．本文中で述べたように，水稲の場合，水耕液中のカドミウムと亜鉛との濃度比がこれら二元素の相乗作用と拮抗作用の発現を制御している．

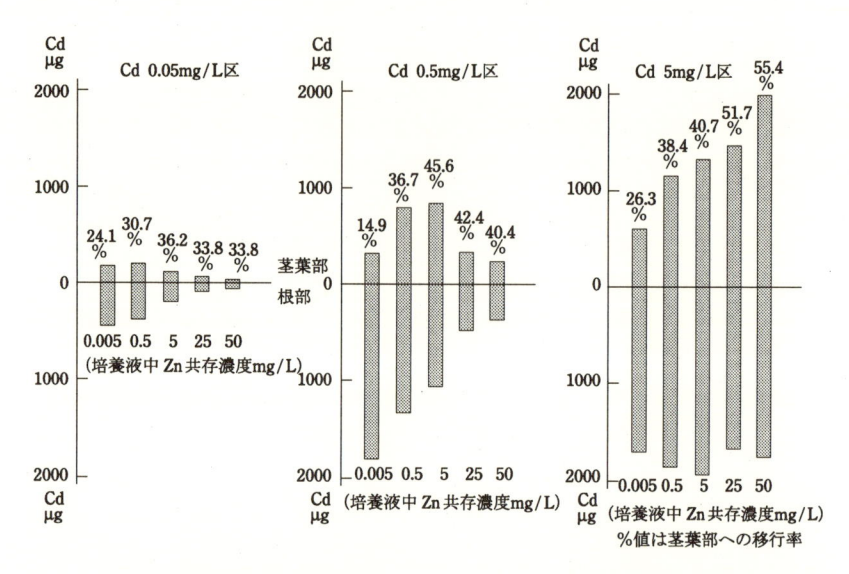

図4.3 水稲茎葉部と根部のポットあたりカドミウム吸収総量および分布
本間・平田 (1976)

の相乗作用と拮抗作用の発現を制御していることを見出した（図4.3）．水耕液中カドミウム濃度が0.5mg/Lであると，0.5〜5mg/Lの亜鉛添加は根から水稲茎葉部へのカドミウム移行率を増加させ，25mg/Lの亜鉛添加は水稲茎葉部へのカドミウムの移行率を低下させた．なお，この際，カドミウム吸収総量は水耕液中亜鉛濃度25mg/L以上で減少していた．カドミウム濃度が0.05mg/L区では，水耕液中の亜鉛濃度が高まるとカドミウム吸収総量が減少した．カドミウム5mg/L区では亜鉛添加量の増加とともにカドミウム総吸収量も茎葉部移行率も増加した．斎藤・高橋（1978a）は水稲のカドミウムの吸収，移行に及ぼす亜鉛の影響について研究し，亜鉛の存在によって茎葉部へのカドミウムの移行が促進されるとの結果を得ている．

　実際の水田においては，土壌溶液中のカドミウム濃度は低いと考えられる．その場合，亜鉛濃度が低いと，水稲によるカドミウム吸収量が増加すると考えられる（本間・平田，1974, 1976, 1977）．そこで，Honma and Hirata（1978）は水耕液中カドミウム濃度を0.05mg/L，亜鉛濃度を0.005〜5mg/Lにして，35日間水稲を生育させ収量と茎葉部のカドミウム濃度を求めた（表4.1）．水稲のカドミウム

4章 カドミウムは土壌から植物へ

表 4.1 亜鉛を含む水耕液中で 35 日間生育した水稲の乾物重とカドミウム濃度

水耕液中亜鉛 (mg/L)	乾物重 (mg/株)		カドミウム (mg/kgDW)	
	根部	茎葉部	根部	茎葉部
0.005	320	1970	387	32.4
0.05	421	2690	92.9	10.9
0.5	479	2590	88.8	9.2
5	464	2780	50.8	8.2

水耕液中のカドミウム濃度は 0.05mg/L

Honma and Hirata (1978)

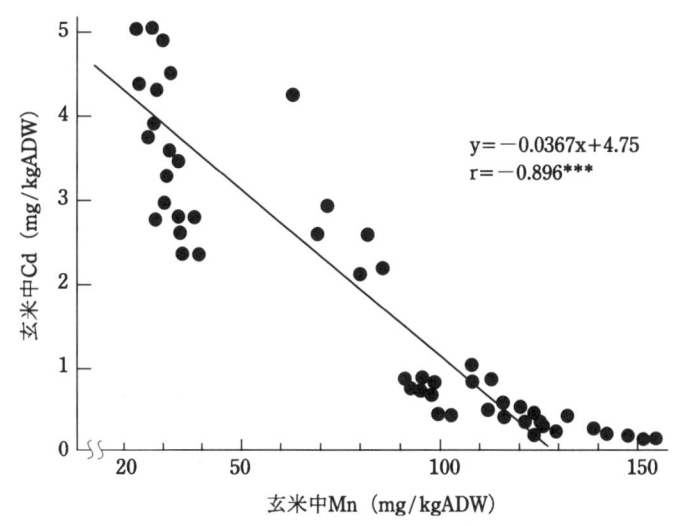

図 4.4 玄米中のカドミウムとマンガン濃度 (***0.1％レベルで有意)

吉川 (1990)

濃度は亜鉛欠乏培地の水稲で著しく高く,亜鉛濃度の増加とともに低下した.

斎藤・高橋 (1978b) は水耕実験によって,マンガン添加は水稲幼植物によるカドミウム吸収を抑制することを明らかにした.その後,吉川ら (1979, 1981, 1986) および吉川 (1990) は汚染土壌を用いたポット試験と汚染地における現地試験によって,この現象を確認した.すなわち,汚染土を用いたポット試験では各種マンガン化合物を Mn として 0 〜 1000mg/kgDW 添加した.常時湛水区はマンガンの施用,無施用にかかわらず玄米中カドミウム濃度は低い値であった.節水区における玄米中カドミウムとマンガン濃度との間には高い負の相関 (r=−0.896) が

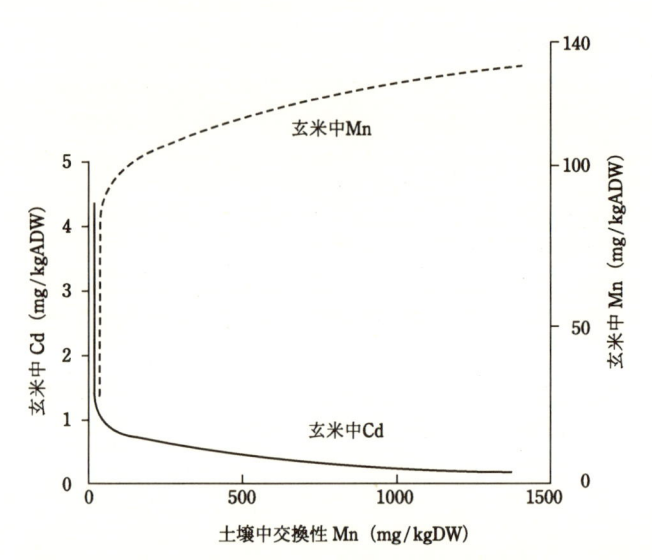

図 4.5 玄米中カドミウム, マンガン濃度と土壌中交換性マンガン濃度
吉川（1990）

表 4.2 マンガン資材施用が玄米中カドミウム濃度と交換性マンガン濃度に及ぼす影響
（現地試験）

水溶性マンガン施用量 （mg/kgDW）	玄米中カドミウム （mg/kgADW）	交換性マンガン （mg/kgDW）
0	0.53	3.4
175	0.37	6.1
350	0.13	30.0
1000	0.09	71.4

吉川（1990）

認められた（図4.4）．また，玄米中カドミウム濃度と土壌中交換性マンガン濃度との関係は図4.5に示すように，交換性マンガン濃度が約100mg/kgDW以下になると玄米中カドミウム濃度は急激に高まり，玄米中マンガン濃度は低くなった．マンガン添加による玄米中カドミウム濃度の減少は，現地試験においても確認された（表4.2）．

畑作物でもマンガンがカドミウム吸収を阻害するという報告がある（計ら，1993）．最近 Khoshgoftar ら（2004）は，小麦を用いた土耕試験で亜鉛の施用は

小麦地上部中カドミウム濃度を減少させることを明らかにした．

これと同様な現象が微生物でも認められている．マンガンは *Chlorella pyrenoidosa* によるカドミウム吸収を阻害し，阻害の程度はマンガン濃度に比例した．速度論的な研究によってマンガンは拮抗的阻害物質であることが示された（Hartら，1979）．Trevorsら（1986）の総説によれば，Tyneckaら（1981a, b）はプラスミドが *Staphylococcus aureus* 1781OR のマンガン移動系（transport system）によって，カドミウムイオンの吸収減少を抑制していることを明らかにした．

また，動物細胞においても両元素には共通の輸送系があるようである（姫野，2002）．

4.6 水稲によるカドミウムの吸収と土壌の酸化還元電位

4.3で述べたように，酸化状態土壌ではカドミウムは主にカドミウムイオンとして存在するが，還元状態土壌では硫化カドミウムとして存在する．したがって，酸化状態土壌では植物に対するカドミウム可給度は高く，還元状態土壌では植物に対するカドミウムの可給度が低い．

ところで，「水稲は畑作物よりカドミウムを多く吸収する」という間違った説を眼にすることがある．その理由は「水田土壌の方が畑土壌より水分が高いので，可溶性カドミウムが多く，したがって水稲の方がカドミウムを多く吸収する」ということのようである．水田土壌では還元状態の発達によってカドミウムは硫化カドミウムとして存在し，溶解性が低いということは水田土壌化学の初歩的知識である．

図4.6は群馬県安中市のカドミウム汚染田において収穫された玄米と水田裏作で収穫された小麦子実中カドミウム濃度と水田土壌中の0.1M塩酸可溶カドミウムとの関係を示したものである．酸化状態土壌で栽培された小麦子実中カドミウム濃度は，還元状態土壌で栽培された水稲中玄米濃度よりもはるかに高い（山田，1979）．

東京都農業試験場の水田はカドミウム汚染地帯の中にあり，その一部に関東農政局統計調査部立川作況試験室の水田が設置されていた．この水田では品種（農林29号）と栽培方法は毎年同じであった．ここでは過去の試料やデータが保存されていたので，増井ら（1971）は玄米や土壌のカドミウムの分析を行い，過去の調査データとの関係を検討した．1971年に採取した供試水田作土の全カドミウム

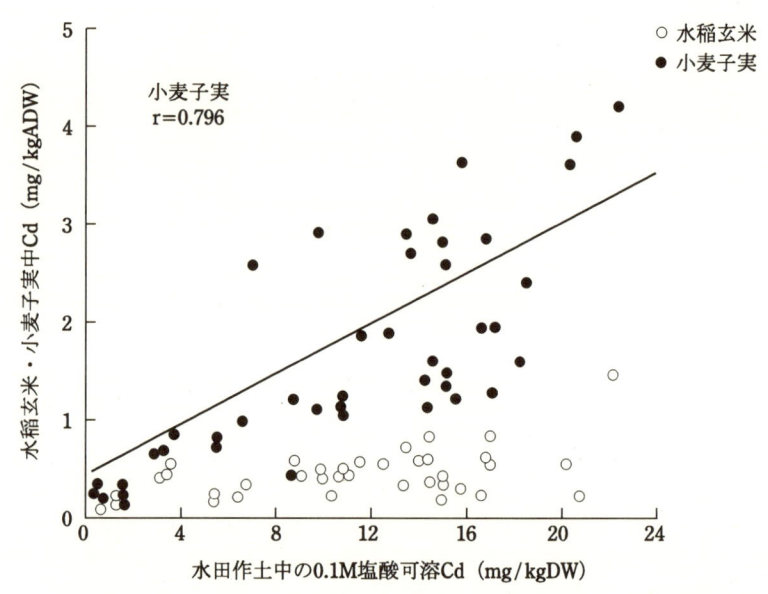

図 4.6 水田作土中カドミウム濃度と水稲玄米,小麦子実中カドミウム濃度
山田(1979)

濃度は 4mg/kgDW であった.彼等は水田土壌が湛水状態,つまり土壌が還元状態で経過した年の方が,玄米中カドミウム濃度が低いであろうとの想定の下に,1954 年から 1970 年までについて「乾田」日数(田面水が 0cm であった日を「乾田」日とした)と玄米中カドミウム濃度の関係を検討した.そして,9 月および 9 月上中旬における「乾田」日数と玄米中カドミウムの間に相関を認めた.9 月における両者の関係を図 4.7 に示した.この図から明らかなように,玄米中カドミウム濃度が高い年は 9 月中の「乾田」日数が多く,また逆の関係も見出された.このことは出穂(普通 9 月)の 10 日後に吸収されたカドミウムが最も良く子実に移行するという事実(茅野,1973)と関係があると考えられる.なお,8 章で述べる森次・小林(1963)が用いた試料は 1959 年産米であり,東京都農業試験場からの白米に 0.472 および 0.421mg/kgADW のカドミウムが検出されたとのことであった.図 4.7 から明らかなように,1959 年は「乾田」日数が一番多く,9 月には水田土壌が酸化状態にあったと考えられ,当該水田産米中カドミウム濃度は 0.8mg/kgADW 近い値であった.

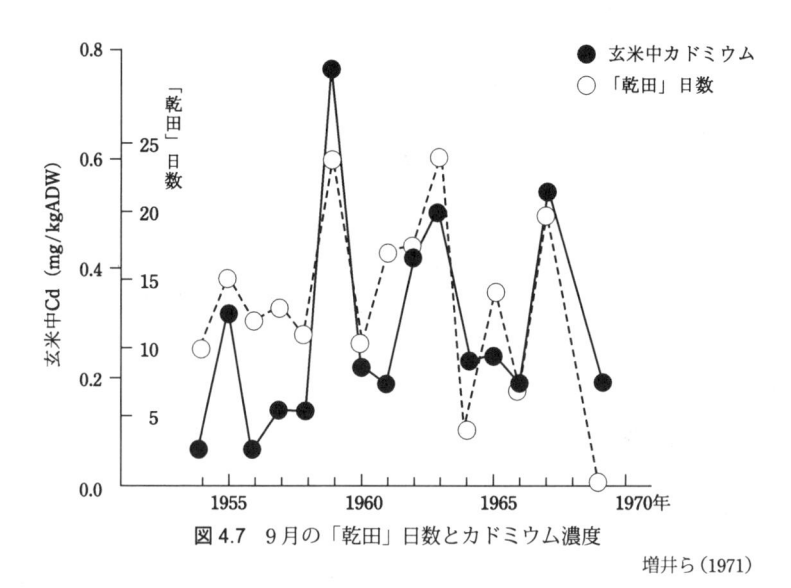

図4.7 9月の「乾田」日数とカドミウム濃度

増井ら (1971)

玄米中カドミウム濃度と土壌の酸化還元電位との関係はポット試験によってより正確に確認することが出来る．伊藤・飯村（1975, 1976）は北陸農業試験場土壌（強グライ土壌，埴質，カドミウム 0.46mg/kgDW）と旧富山農業試験場土壌（富山市太郎丸，グライ土壌，壌質，カドミウム 0.44mg/kgDW）を用いてポット試験を行った．落水区の水管理は，含水比で30数％，土壌表面に亀裂やポット壁との間に間隙を生じるようになったら，土壌表面に約0.5cmまで灌水した．落水期間は分げつ期（7月4日）以降収穫までである．湛水区は全期間中土壌を空気と接触させないようにした．カドミウム添加濃度は 0.3, 1, 3, 10, 25, 50, 100mg/kgDW であった．

玄米中カドミウム濃度と土壌中カドミウム濃度（供試土壌カドミウム＋添加カドミウム）との関係を図4.8に示した．全期間湛水栽培した場合には北陸土壌（埴質）と富山土壌（壌質）の両土壌には，ほとんど差違が見られず，土壌中のカドミウム濃度の増加にともなう玄米中カドミウム濃度の上昇は緩やかで，土壌に 100mg/kgDW カドミウムを添加しても玄米中濃度は 1mg/kgADW に達しなかった．分げつ期（7月4日）以降落水した場合には，粘土含量の少ない富山土壌で玄米中カドミウム濃度が対照の無添加区で 0.62mg/kgADW，0.3mg/kgDW 添加区（土壌中カドミウム約 0.7mg/kgDW）で 1.52mg/kgADW と著しく高まり，玄米中

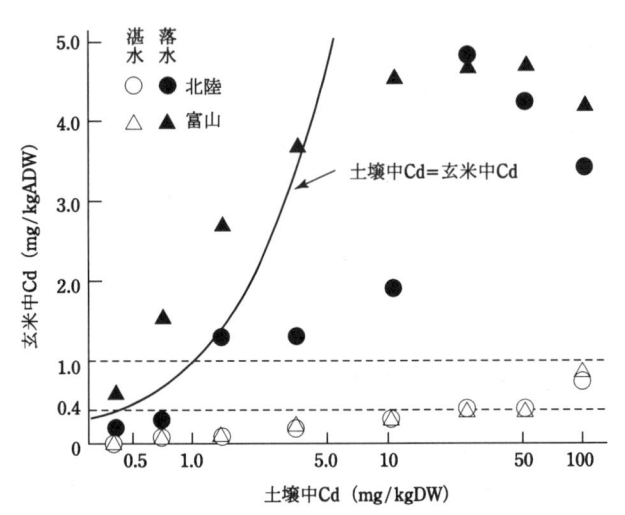

図4.8 水管理と土壌中カドミウム－玄米中カドミウムの対応
伊藤・飯村（1975）

の濃度が土壌の2倍を超える場合もあった．玄米中濃度の最大値は5mg/kgADW弱であった．粘土含量の多い北陸土壌ではカドミウム10mg/kgDW添加区までは玄米中カドミウム濃度が富山土壌のものより低かった．これは，富山土壌では粘土含量が少ないために，粘土粒子へのカドミウムの濃縮度が高く，また土壌表面に細かい粒子の層が出来やすいため，表層のカドミウム濃度が著しく高くなるためと推察された．

富山土壌のカドミウム無添加区の玄米中カドミウム濃度が，0.62mg/kgADWと高い値を示したが，これは7月4日以降極端な水不足，すなわち酸化状態の下での現象であり，非汚染水田における通常の栽培条件の下では，このような高い値が認められることはないと考えられる．なお，8章で述べるように旧富山農業試験場土壌はカドミウムによって軽度に汚染されている可能性も考えられた．

5章 汚染水田土壌の修復法

カドミウムによって汚染された水田は対策をとることによって，産米中カドミウム濃度を非汚染水田産米と同程度にしなければならない．汚染農用地に対するこのような対策を修復（remediation）という．カドミウム汚染水田土壌の修復には大きく分けて，

① 土壌中のカドミウムを水稲に吸収されにくい形（難溶化）にする
② 土壌中のカドミウムを除去する

という2つの方法がある．

5.1 難溶化によるカドミウムの吸収抑制

難溶化による修復には，石灰や珪酸石灰などのアルカリ剤，リン酸肥料等の改良資材の大量投入によりカドミウムを難溶化する方法と，土壌を常時湛水状態に保つことにより土壌を還元状態にして，硫化カドミウムを生成させ，水稲に吸収され難くする方法とがある．

改良資材投入による吸収抑制

農林省農政局（1972）は，1971年に20都県で実施された現地対策試験結果を取りまとめている（表5.1）．それによれば土壌改良資材の投与試験区数は108ヵ所あり，リン酸資材単独投与区33ヵ所，石灰類単独投与区28ヵ所，リン酸資材・石灰類投与区29ヵ所，その他の資材投与区18ヵ所となっていた．108ヵ所の試験区において，資材投与によってカドミウム吸収量がかえって増加した試験区が22ヵ所もあり，対照区の玄米中カドミウム濃度に対する増減は，105％増〜

表 5.1 土壌改良資材によるカドミウム吸収抑制効果 (1971)

改良方法の区分	n	水稲(玄米)の Cd 抑制効果(抑制率)					対照区の玄米に対する増減の%
		0%以上 20%未満	20%以上 40%未満	40%以上 60%未満	60%以上	吸収率が増加した地区	
	(カ所)	(カ所)	(カ所)	(カ所)	(カ所)	(カ所)	
土壌改良資材の投与	108	20	29	24	13	22	105(増)〜61(減)
リン酸資材	33	5	9	10	4	5	10(減)〜37(減)
石灰類	28	8	8	6	2	4	10(減)〜37(減)
リン酸資材＋石灰類	29	2	9	6	7	5	105(増)〜61(減)
その他資材	18	5	3	2	0	8	37(増)〜47(減)

注 1. リン酸資材とは,熔成リン肥または重焼リンであり,10〜150kg/a を施用している.
 2. 石灰類とは,ケイ酸カルシウムまたは石灰であり,15〜200kg/a を施用している.
 3. リン酸資材＋石灰類とは,上記の 1. および 2. の資材の併用であり,リン酸資材は 10〜150kg/a,石灰類は 15〜200k/a を施用している.
 4. その他の資材とは,ケイ鉄,ゼオライト,緑肥,鶏糞,堆肥などであり,単独または他の資材との併用により 10〜200kg/a を施用している.

農林省農政局(1972)

61％減であり，60％以上減の試験区は 13 ヵ所しかなかった．

同様の試験は 1972 年にも 25 都県で実施された．130 試験区のうち玄米のカドミウム吸収量が対照区よりも増加した区が 27 区あり，対照区の玄米中カドミウム濃度に対する増減率は 163％増〜91％減であり，60％以上減の試験区は 12 ヵ所であった(農林省農蚕園芸局, 1973)．

1973 年にも 28 府県で試験が行われた．99 試験区のうち玄米中カドミウム濃度が対照区より増加した区が 20 区あり，対照区の玄米中カドミウム濃度に対する減少率は 98％増〜86％減であり，60％以上減の試験区は 18 ヵ所であった(農林省農蚕園芸局, 1974)．

このように石灰類やリン酸資材投与では，非汚染水田土壌で生産される玄米中カドミウム濃度にすることは困難であるので，カドミウム汚染土壌修復の主要な対策にはなり得ず，土壌修復の際の補助的手段としてこれらの改良資材が用いられている．

その後，長谷川ら(1995)は多孔質ケイカル(ALC)[注] 施用により，水田土壌 pH を 7.0 以上に調整すれば水管理などの併用なしに，水稲のカドミウム吸収を抑制できると述べている．しかし，宮城県細倉鉱山排水によって汚染された

二迫川と熊川に挟まれた水田土壌について6ヵ所の現地試験結果（原論文の第1図）をみると，玄米中カドミウム濃度の対照区に対する割合は全圃場平均では各処理区のうち，表全区（ALC500g, $P_2O_5$300g/m^2を作土全体に混和した後，表層にALC500g/m^2を追加施肥した区）で最も低く，対照区の約52％であった．カドミウム吸収低減効果が最高であった圃場No.3の全表区は対照区の約20％まで減少していた．また，No.3以外の全表区では対照区の玄米中カドミウムを100％とすると，圃場1が約28％，No.2が約114％，No.4が約89％，No.5が約41％，No.6が約91％であった．No.1～6の値を平均しても52％にならないが，図の棒グラフを物差しで測定して計算したものであるのでやむを得まい．なお，対照区の玄米中カドミウム濃度が書かれていないので，各区の玄米中カドミウム濃度は不明である．しかし，ポット試験では，対照区の玄米中カドミウム濃度が1.98mg/kgADWであるのに対して，2000分の1アールポットあたりALCを250g施用した区が0.04mg/kgADWであるというデータもあり，いずれにせよ改良資材施用による水稲のカドミウム吸収低減については今後の検討が待たれる．

他方，カドミウム汚染畑土壌の場合には石灰資材投与によって，土壌pHを7以上に高めることは効果があるとされている（Alloway, 1995）．しかし，日本のように降雨量が多い場合には，持続的にpH7以上に保つことは入念な土壌管理が必要であろう．なお，日本でも畑作物によるカドミウム吸収抑制の研究が続けられている．特に，日本人が日常的に食べているダイズに関しては，8章で述べる2002年12月2日の農林水産省の発表をみると，ダイズ子実462点中16.7％がコーデックス食品添加物・汚染物質部会が定めた2003年案0.2mg/kgを超えていることから，最近研究がかなり行われるようになった．現在まだ論文発表数は少ないが，伊藤純雄（2004）や吉田・杉戸（2004）等の研究がある．

注) 多孔質ケイカル：多孔質ケイカル（Autoclaved Lightweight Concrete；ALCと略称）はオートクレーブで処理した軽量気泡コンクリートである．通常のコンクリートの約4分の1の重さで，体積の約75％が空気の泡という多孔質の物質である．主原料は珪石と生石灰でこれにセメントが全量の約10％程入っている．セメントが入っているが，オートクレーブ処理により固化反応を完了させているので再固化の恐れはないとされている．ALC製品の規格外品や，加工に伴って発生する端材を粉砕し粒径1.2mm以下としたものが肥料として登録され，市販されている．

還元状態による吸収抑制

　水田土壌を還元状態に保っていると，土壌中の硫酸イオンが還元されて硫化物イオンが生成され，それがカドミウムと結合して硫化カドミウム（CdS）を生じる．硫化カドミウムは溶解度が低く，水稲に吸収され難い．このことについては，圃場試験やポット試験による多くの研究がある（図 4.1a, b, 図 4.6, 図 4.7, 図 4.8 など）．

　しかし，灌漑水が不足する場合にはこの方法は利用できない．また，常時湛水という方法は水稲の根腐れを生じやすく，従来奨励されていた中干しや間断灌漑による健康な稲作りの技術とは完全に矛盾するものである．

5.2 カドミウム除去による吸収抑制

　土壌からカドミウムを除去するには，
① 生物学的方法：カドミウムを大量に吸収する植物を汚染水田に植えてカドミウムを吸収させ，その植物を処理する方法．最近ではこれを植物修復（ファイトレメディエーション）といっている．
② 化学的方法：塩酸，EDTA，塩化カルシウムなどの化学薬品でカドミウムを洗脱する方法．
③ 農業土木的方法：汚染された土壌を除去し，非汚染土壌を客土する排土客土法や汚染土壌の上に非汚染土壌を客土する上乗せ客土法．上乗せ客土法は根圏からカドミウムを遠ざける方法であるが，本来の意味におけるカドミウム除去ではない．

などの方法がある．③の方法は，効果が確かであるので実際に用いられている．

生物学的方法—植物修復（ファイトレメディエーション）

　植物修復の現地栽培試験を日本で最初に報告したのは館川（1975）である．館川（1975）は福島県磐梯町の日曹金属会津製錬所からの排煙によってカドミウム，銅，亜鉛，鉛などの重金属によって汚染された土壌について現地試験を行った．

　試験地は，「非汚染地」である南小中野試験地（0.1M-HCl 可溶 Cd: 0.40，過塩素酸可溶 Cd: 2.71mg/kgDW），大山試験地（0.1M-HCl 可溶 Cd: 4.90，過塩素酸可溶 Cd: 18.62mg/kgDW），畳石試験地（0.1M-HCl 可溶 Cd: 30.06，過塩素酸可溶 Cd: 53.49mg/kgDW）の 3 ヵ所である．南小中野土壌には過塩素酸可溶カドミウ

表5.2 重金属汚染水田に生育した植物の乾物重とカドミウム除去率（1974）

区番号	植物名	供試土壌	乾物重（kg/m²）		Cd	
			茎葉部	根部	吸収量 mg/m²	除去率 %
1-1	ヘビノネコザ	南 小 中 野	0.06	0.07	0.7	0.1
2		大　　　山	0.08	0.10	5	0.1
3		畳　　　石	0.06	0.10	7	0.1
2-1	セイタカアワダチソウ	南 小 中 野	13.42	14.98	117	13.7
2		大　　　山	12.76	19.23	561	9.4
3		畳　　　石	12.13	17.86	723	9.3
3-1	コンフリー	南 小 中 野	1.06	5.87	55	6.5
2		大　　　山	0.95	5.43	162	2.7
3		畳　　　石	0.83	3.95	141	1.3
4-1	ワラビ	南 小 中 野	2.91	3.67	36	4.2
2		大　　　山	2.78	3.56	95	1.6
3		畳　　　石	2.65	3.63	116	1.6
5-1	シバ	南 小 中 野	0.72	0.91	8	0.9
2		大　　　山	0.60	0.74	25	0.4
3		畳　　　石	0.34	0.40	16	0.2

定植後3年目の成績　　　　　　　　　　　　　　　　　　　　　　　館川（1975）

除去率：（カドミウム吸収量／土壌中過塩素酸可溶カドミウム量）×100

ムが2.71mg/kgDWも含まれていたので，明らかに汚染されている．試験地はすべて多腐植質火山灰土壌であるのでいずれの土壌も腐植含量（10.3～13.5%）が多い．用いた植物はヘビノネコザ，セイタカアワダチソウ，コンフリー，ワラビ，シバであった．試験は1972～74年の3年間行った．

試験結果のうち，定植後3年目である1974年の植物の乾物重（生産量）およびカドミウム吸収量・カドミウム除去率を表5.2に示した．カドミウムの除去率はセイタカアワダチソウ＞コンフリー＞ワラビ＞シバ＞ヘビノネコザの順であった．しかし，いわゆる汚染地のカドミウム除去率は一番高いセイタカアワダチソウでも9%強であった．館川（1975）は，

　「現段階では短期間に土壌の汚染重金属含量を減少させるような植物は検出されなかった．また，重金属元素を特異的に吸収する植物を検索できたとしても，その

間の休耕や刈り取ったCdを含む植物体の処分問題などから考えて，現時点では実用になりうるとは考えにくいようである」
と述べている．

その後最近まで，わが国においてはカドミウム汚染田の植物修復の研究はないようであるが，外国では植物修復と称する研究が多くなっている．たとえば，1999年7月にウイーンで開かれた『第5回微量元素の生物地球化学に関する国際会議（5th, ICOBTE）』において，報告予定課題561件のうち植物修復のセッションにおける報告数が51もあった．しかし，2005年4月にオーストラリアのアデレードでの"8th, ICOBTE"では，植物修復の発表は396件中15件と激減していた．

日本でも最近植物修復の研究が多くなっている．汚染土壌の修復に取り組んでいる研究者が主として所属している学会は日本土壌肥料学会である．2003年までは植物修復の研究は少なかったが，2004年の九州大会から非常に増えている．2004年の『日本土壌肥料学会講演要旨集』を見ると，各種雑草（ヤエナリ，イヌビエ，メヒシバ，ヤブソテツ，ミゾソバ，ヘビノネコザ，モエジマシダ，ハクサンハタザオなど），飼料作物（エンバク，ライムギ，ソルガム，スーダングラスなど）および作物（イネ，ダイズ，トウモロコシ，ケナフ，ヒマワリ，ソバ等）の土壌からのカドミウム吸収能の検索が主な研究課題となっているようである．しかも，各種植物による土壌からのカドミウム吸収量についての室内実験やポット試験的研究がほとんどであり，汚染現地水田を用いての研究はほとんど見られない．

このような状況の中で，秋田農業試験場の伊藤正志（2004）が現地水田土壌の植物修復について報告しているものが，最近における植物修復に関する現地試験として唯一のものであろう．まず，栽培法が確立している水稲をカドミウムを吸収させる植物とし，「密陽」と「ハバタキ」という品種がカドミウム吸収能力が高いことを見出した．しかし，品種によるカドミウム吸収量の差より圃場間の吸収量の差の方が大きく，植物修復の成否は，品種の選定以外に土壌・圃場・環境条件をカドミウムの吸収に最適な条件に保つことがより重要であると考えられると述べている．その後，4.6ha（42筆，協力農家17戸）による現地試験（試験区あたりの面積等が書かれていない）を実施した．品種としては多肥栽培に強くまた作付面積が極めて少ない2品種（品種名が書かれていない）を混合して混播栽培した．中干し以降（7月中旬）は圃場への灌水を極力控え，水稲によるカドミウムの吸収量を増加させる水管理を実施した．刈り取り作業は9月上旬～10月

中旬に行い，368個のロール（300kg/ロール）が収穫された．これを焼却場において焼却処分したが，1日最大処分量は2～10個/日であり，平均5個/日と仮定すると約3ヵ月かかることになる．13圃場（試験区）におけるカドミウム吸収量は2.8～104.7g/haであり，かなりの差がある．

今後，他でも多様な圃場試験が行われることを期待するものであるが，カドミウムを吸収した植物の処理・利用についての検討が最も重要であると考えられる．

化学的方法

化学的方法によって水田土壌中カドミウムを除去するために，各種薬剤を用いた室内実験やポット試験などの小規模ものが多くあったが，1970年代の現地試験には塩酸溶液で除去した場合とEDTAで除去した場合とがある．

Takijimaら（1973）は岐阜県で1アールの水田を使った圃場試験を行った．この水田の3分の1を対照区とし，残り3分の2は表面水が約3cmになるように湛水し，工業用塩酸をばらまいて田面水の塩酸濃度を約0.1Mにし，土壌とよく混和して1時間放置して土壌粒子を沈降させた．表面水を流出させ，水田は再び約6cmまで湛水して作土とよく混和した．この内半分はアルカリ性改良資材で処理した（塩酸処理・改良区）．残りの半分は塩酸処理したままで作付けした（塩酸処理区）．

生産された玄米中カドミウム濃度は対照区0.33，塩酸処理区0.20，塩酸処理・改良区0.06mg/kgDWであって，塩酸処理・改良区では非汚染水田並の玄米が生産された．しかし，収穫時に採取した土壌の0.1M-HCl可溶カドミウム濃度は対照区，塩酸処理区，塩酸処理・改良区がそれぞれ5.00，3.87，3.40mg/kgADWであって，土壌中カドミウムの除去は不十分であった．

このような塩酸処理法では，下流域の水田をカドミウムなどの重金属によって汚染する可能性があり，実際に採用することは出来ないと考えられる．

キレート剤であるEDTAを用いた現地試験は小林ら（1975）によって安中市の水田で行われた．彼らは汚染水田6アールを4つに分けて1区1.5アールで実験を行った．1972年にはそのうち2区（No.1, 3）にEDTA・4Naを50kg，他の2区（No.2, 4）に100kgずつ散布し，耕耘撹拌後湛水した．翌1973年にはNo.2, 3には75kgを3回に分けて散布し，耕耘撹拌処理を行い，約1ヵ月後に水稲を植え付け，10月末に収穫した．玄米中カドミウム濃度はNo.1が0.43, No.2が0.23, No.3が0.27,

No.4 が 0.58mg/kgDW であった.さらに 1974 年に No.2 と No.3 に EDTA・4Na を 30kg ずつ散布し,水稲栽培を行った.1974 年産玄米中カドミウム濃度は,それぞれ 0.55, 0.25, 0.29, 0.70mg/kgDW であった.

これらの実験結果は,この程度の EDTA 処理によっては非汚染並のカドミウムを含む玄米生産は不可能であることを示していると考えられる.なお,水田作土中カドミウム濃度は,実験開始時に 10.4mg/kgDW であったものが,最終的(1974.11.3 採取)には,それぞれ 5.4, 2.8, 4.2, 6.8mg/kgDW に減少していたが,非汚染土壌のカドミウム濃度に比べてはるかに高い値であった.

中島・小野(1979)は長崎県対馬下島の佐須川流域(保奈)および椎根川流域(西塩屋原)の 2 ヵ所の水田に,5 月 7 日に EDTA・2Na を 1 アール当たり 100kg 全面散布し,耕耘機で混合,翌日約 250mm の灌水で 2 日間湛水落水を 2 回繰り返し,合計 500mm の灌水で土壌中の重金属除去を行い,その後水稲を栽培した.収穫された玄米中カドミウム濃度は保奈で対照区が 0.67,EDTA 区が 0.38mg/kgDW,西塩屋原で対照区が 0.33,EDTA 区が 0.18mg/kgDW であった.なお,10 月に採取した作土中カドミウム濃度は保奈が対照区 5.2,EDTA 区 2.3mg/kgDW,西塩屋原が対照区 4.0,EDTA 区 2.3mg/kgDW であった.

以上の実験結果から,EDTA 処理によっては水田土壌中および玄米中カドミウム濃度低減をあまり期待できないものと考えられる.

最近になって,洗浄法に塩化カルシウムや塩化第二鉄を用いた方法が試みられており,圃場を用いた現地試験が牧野(2004)によって報告されている.これは,農業環境技術研究所,太平洋セメントおよび長野県農業総合試験場の 3 者による官民共同プロジェクトの研究結果とのことである.現地水田では,① 薬剤洗浄(塩化カルシウム溶液による土壌カドミウム抽出),② 水洗浄(残留カドミウムおよび塩素の除去),③ 廃水処理(洗浄水中のカドミウムの回収除去;キレート樹脂を用いた現場設定型廃水処理装置)を実施した.塩化カルシウム濃度は 0.1M とし,薬剤洗浄回数は 2 回,水洗浄回数は 8 回実施した.洗浄処理にともない土壌の 0.1M 塩酸可溶カドミウムは 0.714mg/kg から 0.592mg/kg に低下した.稲の移植は大幅に遅れたが,コメ中のカドミウム濃度は高吸収品種である「密陽」で対照区の 0.44mg/kg が洗浄区で 0.13mg/kg,普及品種の「あきたこまち」では 0.25mg/kg が 0.08mg/kg と大きく減少していたと書かれている.しかし,

「薬剤洗浄および水洗浄処理時に生じた廃水中のカドミウムは現地設置型の処理装

置により回収除去することで，排水基準（0.1mg/L）以下の 0.003～0.019mg/L
に低減できた．以上の結果より，本洗浄システムは農家圃場に適用出来ることが
明らかとなった」

と書かれているが，4章で述べたように伊藤・飯村（1974）は，彼らの実験結果に基づいて，現在の環境基準 0.01mg/L を少なくとも 10 分の 1 に低める必要性について述べている．このような約 30 年前の警告を無視して，廃水中カドミウム濃度が 0.1mg/L 以下になったから農家圃場に適用出来るという考え方は，危険なものであると考えざるを得ない．

農業土木的方法

　農業土木的方法には排土客土法と上乗せ客土法とがある．排土客土法は汚染土壌を除去し，非汚染土壌を上に客土する方法であり，上乗せ客土法は汚染土をそのままにして，汚染土の上に非汚染土を客土する方法である．客土の深さは，カドミウムを吸収する根張りの深さに関係するわけであるが，研究者によって深さについての意見は異なっている．しかも，試験研究では客土等の作業が実際の修復作業における場合よりも丁寧に行われると考えられる．したがって，試験研究結果を実際の修復作業に移す場合には，客土深を増やす必要があると考えられ，実際にもそのように行われている場合が多いようである．

　森下・穴山（1974）は神通川流域の 3ヵ所の汚染水田を用いて，カドミウム汚染土壌の修復方法に関する試験を 1 区 $1.8 \times 2.7m^2$，2 連で行った．試験区の内容と玄米中カドミウム濃度（2 連の平均値）は**表 5.3** に示した．対照区の玄米中カドミウム濃度はいずれも 1.0mg/kgADW を超えており，客土層が厚くなるほど玄米中カドミウム濃度は低減し，30cm 排土客土区では非汚染米に相当する 0.08～0.09mg/kgADW を示していた．20cm の排土客土区でも，宮川試験地では 30cm の排土客土区とほぼ同様なカドミウム吸収を示しており，汚染下層土の影響はほとんど認められなかった．この理由は，宮川試験地は轡田，萩島試験地に比べて低湿地型の水田土壌型に属し，下層に黒泥層があるなど，水稲根が下層に伸長し難いためと考えられた．20cm 排土客土区と 20cm 上乗せ客土区とを比較すると，両区の玄米中カドミウム濃度はほぼ等しかった．したがって，排土客土でも上乗せ客土でも，玄米中カドミウム濃度におよぼす客土層厚の影響はほぼ等しいことが分かった．なお，計画層厚と収穫後の実測層厚は次の通りであった．15cm

表 5.3 神通川流域汚染水田における客土深と玄米中カドミウム濃度（神岡鉱山）

(mg/kgADW)

客土法	試験地	轡田	荻島	宮川
対　照		1.09	1.07	1.18
排土客土	15cm	0.31	0.29	0.57
〃	20cm	0.16	0.29	0.10
〃	30cm	0.08	0.08	0.09
上乗せ客土	20cm	0.14	0.27	0.10

・轡田・荻島・宮川の各試験地の作土はカドミウムをそれぞれ，3.01, 3.84, 4.35 mg/kgADW 含有（硝酸－過塩素酸分解法）
・3つの排土客土区は，上から作土層を排土客土した区，鋤床層まで排土客土した区，心土層まで排土客土した区に対応
・上乗せ客土区は汚染土壌の上に非汚染土を 20cm 客土

森下・穴山（1974）

排土客土区は 11 〜 12cm，20cm 排土客土区は 15 〜 18cm，30cm 排土客土区は 24 〜 27cm，20cm 上乗せ客土区は 15 〜 18cm であった．以上の結果は，富山県神通川流域のカドミウム汚染地帯では，排土客土でも上乗せ客土でも，計画層厚で 30cm 以上，水稲収穫後の実測層厚で 25cm 以上の客土層厚が必要であることを示している．

柳澤ら（1984）による現地対策試験では，客土 15cm でほとんどの区で玄米中カドミウム濃度が 0.1mg/kgADW 以下であった．しかし実際の工事では，「汚染土を遮断する『耕盤』を造成した上で耕土 15cm，施行平均厚 22.5cm の客土をする」ことになっていた（富山県，日付なし）．

中島・小野（1979）は長崎県対馬下島においてカドミウム汚染田の対策試験を行った．佐須川水系も椎根川水系も潅漑用水が，カドミウムによって高濃度（0.005 〜 0.015mg/L に汚染されていたので，潅漑水には井戸水を使った．上乗せ客土 20cm 以上で玄米中カドミウム濃度は非汚染水田産玄米並の 0.04mg/kgADW のものが多かった．

館川（1979）は福島県磐梯東部地域において，カドミウム汚染水田の客土試験を行った．結果は 25cm 以上の上乗せ客土によって，収穫された玄米中カドミウム濃度は非汚染水田産玄米並の 0.075 〜 0.080mg/kgADW に低減していた．

浅見ら（1983）は兵庫県市川流域の 30cm 上乗せ客土（実際には 35cm 客土し

表5.4 排土客土深と玄米中のカドミウム含有率との関係

(15%含水物)

年度	項目 区名		節水管理 ppm	節水管理 比率(%)	慣行水管理 ppm	慣行水管理 比率(%)
1973	対　照		0.65	100	0.23	100
	排土客土	5cm	0.65	100	0.14	62
	排土客土	10cm	0.31	48	0.11	47
	排土客土	20cm	0.24	37	0.13	47
	排土客土	30cm	0.15	24	0.13	57
1974	対　照		1.71	100	1.28	100
	排土客土	5cm	2.30	135	0.60	47
	排土客土	10cm	1.54	90	0.41	32
	排土客土	20cm	0.53	31	0.33	26
	排土客土	30cm	0.37	22	0.12	10
1975	対　照		2.19	100	1.47	100
	排土客土	5cm	1.94	89	0.58	39
	排土客土	10cm	1.69	77	0.34	23
	排土客土	20cm	0.65	30	0.22	15
	排土客土	30cm	0.35	16	0.14	10
1976	対　照		1.31	100	—	—
	排土客土	5cm	1.33	102	—	—
	排土客土	10cm	0.89	68	—	—
	排土客土	20cm	0.65	50	—	—
	排土客土	30cm	0.30	23	—	—

大竹(1992)

たと言われていた)による水田復元工事後,11年間にわたって玄米中カドミウム濃度の調査を行った.それによれば,各地点の平均値は0.04〜0.06mg/kgADWであって,非汚染水田産玄米並の値になっていた.

大竹(1992)は山形県南陽市の農家水田(細粒灰色低地土,作土中カドミウム濃度4.28mg/kgDW,1区面積42m^2,2連)を用いて1973〜76年の4ヵ年にわたり,客土に関する現地対策試験を実施した.供試品種は1976年が「はなひかり」,それ以外は「キヨニシキ」であった.2種類の水管理を行った.節水管理区は移植後湛水し,中干し期以降は表面が黒乾となったら灌水を行う比較的酸化的な水管

理を落水期(出穂後 25 日目)まで継続し,慣行水管理区は慣行による水管理を行った．客土法は排土客土法によった．排土客土深と玄米中カドミウム濃度との関係を表 5.4 に示した．この表から明らかなように，慣行水管理区では 30cm の排土客土で玄米中カドミウム濃度が 0.2mg/kgADW 以下になったが，節水管理区では対照区でも玄米中カドミウム濃度が比較的低かった 1973 年以外では，排土客土 30cm でも玄米中カドミウム濃度が 0.30-0.37mg/kgADW であって，30cm 以上の排土客土が必要であることが明らかである．したがって，客土深を 30cm 以上に出来ない場合には，常時湛水のような水管理の必要性があると考えられる．

　以上の他にも客土試験は多く行われている．客土の場合，カドミウムを吸収する水稲根の伸長深が問題であるので，工事当初の客土深ではなくて水稲収穫後の客土深が問題になるであろう．したがって，客土深について述べる場合には，計画層厚とともに水稲収穫後の実測層厚についても述べる必要があろう．以上の事実を勘案すると，土壌の性質によって一概には言えないと考えられるが，排土客土でも上乗せ客土でも計画層厚 30cm 以上，実測層厚 25cm 以上が必要であると考えられる．

6章 世界の食品中カドミウム規制の状況

　日本の食品中カドミウムの許容基準値（最大基準値）は，玄米についての1.0mg/kgADWしかない．ただし，0.40～0.99mg/kgADWの玄米は行政措置により市販されないこととされている．畑作物，水畜産物など他の食品やワラビ・ゼンマイ等の山野草については野放しの状態にある．

　国際的な食品添加物や汚染物質についての基準等について検討を行う政府間組織には，CAC（コーデックス食品規格委員会）とその下部機関であるCCFAC（コーデックス食品添加物・汚染物質部会）とがある．CACは1962年に設立され，日本は1966年に加盟している．このCCFACやCACで，食品中カドミウムの最大レベル等の議論がなされている．これらとは別に1955年に個人の資格で執務する専門家によって構成されるJECFA（FAO/WHO合同食品添加物専門家委員会）が組織された．JECFAは食品添加物と汚染物質の評価を担当している．CCFACは加盟国政府が提供するデータおよびJECFAの勧告と査定に基づいて活動している．なお，CACは1章で述べたように，Codex Alimentarius Commissionの略号であるが，コーデックスは「規格」，アリメンタリウスは「食品の」という意味である．

　CCFACにおける食品中カドミウムの基準値に関する検討は1995年の第27回会議頃から始まったと考えられるが，1998年1月にデンマークからDiscussion Paper（討論資料）が提出された頃から活発に議論されるようになった．デンマークからは1998年12月に2回目のDiscussion Paperが提出されている．

　CCFACにおける単位は現物あたりで示されているので，コメなどは風乾物あたりで，野菜などは新鮮重あたりで示されている．デンマークによるDiscussion Paper以前には，コメは穀類・豆類に含まれ，0.1mg/kgで議論が進んでいたが，

表6.1 カドミウムの最大基準値案

コードNo.	食品	最大基準値案（mg/kg）	Step	備考
FC 0001 FP 0009 FS 0012 FB 0018 FT 0026 FI 0030	果実	0.05	5	
GC 0654	小麦粒	0.2	5	
MM 0097 PM 0110	牛，豚，羊肉 家禽肉	0.05	5	
MM 0816	馬肉	0.2	5	
VR 0589	ばれいしょ	0.1	5	皮を剥いたもの
VR 0075 VS 0078	根菜 茎菜	0.1	5	セロリアック，ばれいしょを除く
VL 0053	葉菜	0.2	5	
HH 0726	ハーブ	0.2	5	新鮮なもの
VO 0449	食用キノコ	0.2	5	
VR 0578	セロリアック	0.2	5	
VA 0035 VB 0040 VC 0045 VO 0050 VP 0060 VD 0070	他の野菜	0.05	5	食用キノコ，トマトを除く
CM 0649	精米	0.2	3	
VD 0541	大豆（乾燥）	0.2	3	
IM 0150	軟体動物（頭足類を含む）	1.0	3	
SO 0697	落花生	0.2	3	

ALINORM 03/12A APPENDIX XIV

訳注：精米，大豆，落花生を除く穀類と豆類の基準値は，2001年4月の第24回コーデックス総会において，0.1mg/kgで採択された．

6章 世界の食品中カドミウム規制の状況

デンマークの Discussion Paper から穀類・豆類から小麦粒とコメが分けられて，それぞれ 0.2mg/kgADW という案が示された．1999年の第31回 CCFAC において，小麦粒，コメ，大豆，ピーナッツが 0.2mg/kgADW とされ，その他の穀類・豆類は 0.1mg/kgADW とされた．第31回 CCFAC までの様子は，浅見（2001）に詳しく述べられている．

その後，2003年の第35回 CCFAC まではほぼそのままに経過したが，2004年の第36回 CCFAC に「日本政府意見」が出され，精米中カドミウム濃度の最大レベルが 0.4mg/kgADW とされた．なお，その他は 2003年の原案通りに決まったが，カドミウム摂取寄与率が低いとして，果物，牛・豚・羊・家禽肉，馬肉，ハーブ，キノコ類，セロリアック，大豆（乾燥），ピーナッツについての検討を中止することを決めた．

第35回 CCFAC による食品中カドミウム濃度の最大基準値（案）は表6.1に，2004年の第36回 CCFAC の後，2004年6～7月に開催された CAC において決定された食品の最大レベル案を表6.2に示した．第36回 CCFAC で Step5 とされた精米は，CAC で Step3 に差し戻された．2005年4月の第36回 CCFAC での結論は，基本的には前回の CAC 案と同じであった．2005年7月の第28回 CAC において，

表6.2 第27回コーデックス委員会総会終了時点のカドミウムの基準値案

食品群	基準値案（mg/kg）	ステップ	備　考
精米	0.4	3	
軟体動物	1.0	3	頭足類を含む
小麦粒	0.2	6	
ばれいしょ	0.1	6	皮を剥いたもの
根菜・茎菜	0.1	6	セロリアック，ばれいしょを除く
葉菜	0.2	6	
その他の野菜（鱗茎類，アブラナ科野菜，ウリ科果菜，その他果菜）	0.05	6	食用キノコ，トマトを除く

注：食品中カドミウム濃度の最大基準値の作成手続きは，8つの段階(Step)から構成され，Step 8 で基準値案が採択される．なお，精米，小麦粉以外の穀物は 0.1mg/kg ですでに採択されている．

表 6.3 カドミウムの最大レベル案

コード番号	食品	ML (mg/kg)	Step	備考
GC 0654	小麦粒	0.2	8	
VR 0589	ばれいしょ	0.1	8	皮を剥いたもの
VR 0075 VS 0078	茎菜・根菜	0.1	8	セロリアックとばれいしょを除く
VL 0053	葉菜	0.2	8	
VA 0035 VB 0040 VC 0045 VO 0050	他の野菜	0.05	8	食用キノコとトマトを除く
CM 0649	精米	0.4	6	
IM 0151 IM 0152	海産二枚貝 頭足類	1.0 1.0	6 6	カキとホタテを除く 内臓を除去したもの

表 6.3 が決定された．精米，海産二枚貝，頭足類については Step 6 とされており，今後さらに検討されることになる．精米中カドミウム濃度 0.4 mg/kg については，中国，ヨーロッパ委員会，エジプト，ノルウェー，ナイジェリア，シンガポール，スイスが保留している．なお，厚生労働省・農林水産省は記者発表に際して，「小麦粒」を「小麦」と訳している．「小麦粉」はすでに 0.1 mg/kg でコーデックス基準になっているはずである．なお，コメ，小麦粒，大豆，ピーナッツを除く穀類・豆類は最大レベル 0.1 mg/kg として議論が終わり，すでにコーデックス規格となっている．したがって，小麦粉，オオムギなどの麦類，およびアズキ等のダイズとピーナッツ以外の豆類の最大レベルは 0.1 mg/kg として決定されている．

JECFA では，1972 年の第 16 回会議で PTWI を 6.7〜8.3 μg/kg 体重/週としたが，1989 年の第 33 回会議において 7 μg/kg 体重/週に変更し，現在でもこの値が維持されている．

なお，コメについての主要国の最大レベルは，オーストラリア，タイが 0.1 mg/kgADW，EU，中国，韓国が 0.2 mg/kgADW，台湾が 0.5 mg/kgADW に決められている（毎日新聞，2003 年 5 月 22 日）．

7章 日本政府の対応（I）

日本政府は，1970（昭和45）年に玄米中カドミウム濃度の基準値を1.0mg/kgADWとした．まず，1970年7月7日，厚生省環境衛生局公害部は『カドミウム環境汚染要観察地域に関する44年度研究・調査の要約および厚生省の見解と今後の対策』を発表した．この報告書で玄米中カドミウム濃度 1.0mg/kgADW に決めたことに対する社会の疑問・反発が多かったので，厚生省は微量重金属調査研究会（座長：土屋健三郎慶応大学医学部教授）を急遽組織し，7月20日と24日の2回，会議を開催し，前記，厚生省環境衛生局公害部の報告書が出された17日後の1970年7月24日に『米のカドミウムの安全基準についての報告』を発表し，玄米中カドミウム濃度の耐容基準値 1.0mg/kgADW を追認した．

これら2つの報告書のうち，前者のカドミウム耐容基準値設定に関する部分と後者の全文は浅見（2001）および日本環境学会食品中カドミウム基準値検討専門委員会（2003）に掲載されている．次に日本政府の決定方法とそれらに対する若干の意見を述べることにする．

7.1 厚生省によるコメ中カドミウム濃度の最大基準値の問題点

当時の橋本道夫厚生省公害課長は，朝日新聞（1970年7月19日）の座談会で，「1日あたりのカドミウム摂取量と，尿に出てくるカドミウム量との間に，高い相関（著者注：原報の日本公衆衛生協会（1970）には，『かなりの相関（r=0.532）』と書かれている）がみられ，その関係を表す計算式もできた．どれ位を中毒とみるかであるが，尿1L中30µgを要注意のメドとした．これはアメリカの100µgや，わが国で検討している労働衛生基準の50µgよりも，きびしい基準だ」

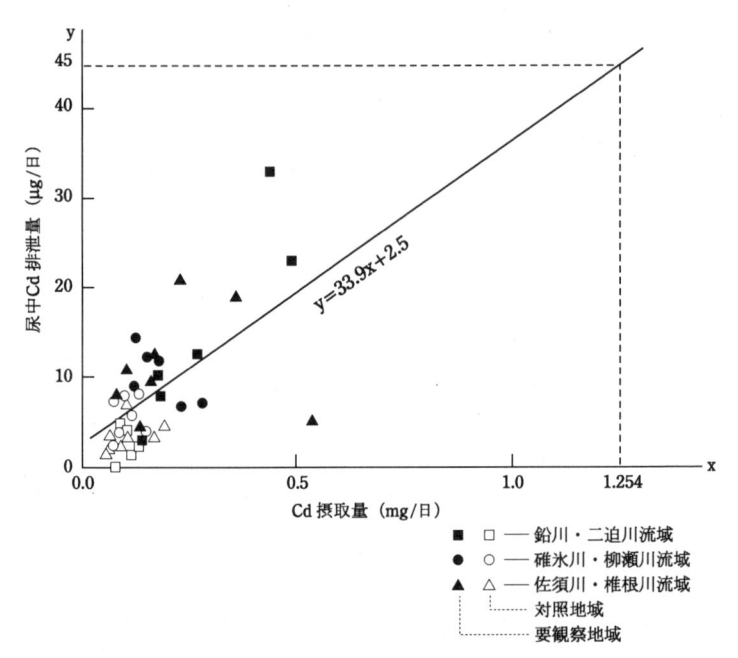

図 7.1 カドミウム摂取量と尿中カドミウム排泄量
厚生省環境衛生局公害部（1970）の図を書き直した

と述べている．また重松逸造（国立公衆衛生院）は

「今度の基準は汚染地の何百人という人を調べて精白米 0.9ppm，玄米 1ppm という線になった．今の学問的見地からすればこれで一応いい」

と述べていた．

具体的には，厚生省環境衛生局公害部は当時カドミウム汚染地帯として知られていた宮城県鉛川・二迫川流域（要観察地域と対照地域で 6 人ずつ），群馬県碓氷川・柳瀬川流域（安中地域）（要観察地域と対照地域で 6 人ずつ），長崎県対馬佐須川・椎根川流域（要観察地域と対照地域で 8 人ずつ）でイタイイタイ病の要観察地域と対照地域からそれぞれ 20 人ずつ 40 人について，1 日当たりのカドミウム摂取量と尿によるカドミウムは排泄量を求め，$y=33.8x+2.5$（ただし，y は尿中カドミウム排泄量 Cdμg/日, x はカドミウム摂取量 Cdmg/日）の関係を得た（**図 7.1**）．この関係式に尿中カドミウム排泄量 30μg/L，すなわち，45μg/日（1 日の尿量を 1.5L と仮定）を代入して，これに対応する摂取カドミウム量 1.254mg/日を得，

この値を1日1人当たりの食品摂取量で割り、カドミウム0.99ppmを算出し、さらに要観察地域および対照地域で生産されたコメやその他の食品中のカドミウム濃度や、それらの摂取割合を勘案して計算し、玄米中の最大許容基準1.0ppmを算出している。なお、大分県奥岳川流域でも調査をしたが、この回帰直線の計算には、尿量を実測していないので奥岳川流域のデータは除いてあると書かれていた。

この決定方法については小林（1971）も、労働衛生学者のElkinsの著書のデータを使っていること、少数の住民についてのたった1日の調査によっていること、分析法にも問題があることなど、種々の問題点を指摘している。

まず、当時すでにイタイイタイ病患者が多数発生していた神通川流域の調査結果を使わなかったことは理解に苦しむ。これ以外で最も問題なのは、先の橋本課長の発言にあるように、「尿中カドミウム30μg/L（45μg/日）以内ならば一応安全である」という尺度を設けたことであろう。この数字は労働衛生学者であるElkins（1959）のデータを用いたものである。カドミウムについての説明は彼の著書の34～39頁にあるが、そこにはカドミウムの最大許容基準についての記述はない。「15章 最大許容濃度」の中にある表のうち、その最後にある「体液および組織」という項の中に、有害量の下限値として尿中0.1mg/L（すなわち、100μg/L）という数字が括弧つきで記載してある。この（0.1mg/L）の文献的根拠はどこにも示されていない。このことから、厚生省が用いた100μg/Lという数字は労働衛生基準としても根拠薄弱であることがわかる。労働衛生基準値がたとえ妥当なものであっても、そのままではコメの許容基準決定の基礎になり得ず、公衆に対する許容基準値は職業人に対する許容基準値よりもはるかに低いものにしなければならないのは周知の事実である。さらに、竹内（1973）の指摘のように回帰式の値がちょうど45μg/日になるようにカドミウム摂取量xを決めれば、yが危険な限界45μg/日を超える確率は50％になり、安全基準としては無意味であり、一応安全と思われる許容基準を算出するとすれば、その値は厚生省の求めた値よりもはるかに小さくなければならないことは明らかである。

なお、「わが国で検討している労働衛生基準の50マイクログラム」というのは、労働環境の空気中のカドミウムの濃度の基準であろう。当時はCdOとして$0.1mg/m^3$であったものを、Cdとして$0.05mg/m^3$にしようとしていたと承知している。尿中のカドミウム耐容濃度と空気中カドミウムの耐容濃度を同一に論じて

いるとすれば，まことに粗雑な議論である．また，「何百人という人を調べ」たと，述べているが，玄米中カドミウム耐容基準値 1.0mg/kgADW を求めるために用いたのは，40人のデータである．「食品別摂取量調査」で，4地域において，それぞれ要観察地域 90〜150所帯，対照地域 30〜50所帯を調べているが，これは食品別摂取量調査であって 1.0mg/kgADW 算出には用いられていない．したがって，これもまことに粗末な話である．

7.2 微量重金属調査研究会によるコメの安全基準値算出法の問題点

微量重金属調査研究会は，カドミウムを 1.0ppm 含むコメ 500g からカドミウム 500μg，コメ以外の食品から 150μg，水から 15μg，合計 665μg（コメ以外の食品の 150μg は調査による最大値，水は飲料水について当時の暫定基準 0.01ppm のものを 1.5L 飲むと仮定した）摂取するとした．次に当時の労働衛生基準 $0.1mg/m^3$（著者注：CdO として $0.1mg/m^3$ であったので，$0.088mg/m^3$ の誤り）は若干高いので，この値の半分 $0.05mg/m^3$ とすれば 8 時間の吸気中のカドミウム量は約 500μg となる．その 10% が血中に入るとすると吸収量は約 50μg と推定される．一方，経口摂取については腸管吸収率 2% をとる．先に述べた 665μg の 2% は約 13μg であり，この値は経気道吸収量（約 50μg）より低い．また，Anwar ら（1961）によるイヌを用いた実験では，カドミウム 10ppm を含む水を与え，4 年間飼っても有意の腎障害を認めなかった。このイヌは毎日カドミウムを約 1000μg/kg 体重摂取した．したがって，大人 1 日 665μg（13μg/kg 体重）は十分安全性がある．以上 2 つの計算結果から「1.0ppm という数値については，これが人体に有害であると判断することは出来ない」と述べている．

微量重金属研究会の見解のうち，第一の問題点は，労働衛生基準値をそのまま一般人の基準として用いている点であろう．本委員会の論法を逆に使えば，カドミウムを経口的にほとんど摂取しない所では，大気中のカドミウム濃度が $50/3=17μg/m^3$（著者注：労働時間は 1 日 8 時間であるから，1 日 24 時間では 3 分の 1 にする）あっても差し支えないということになりかねない．

第二の問題点はカドミウムの消化管による消化率を低く見積もっていることである．上記委員会ではマウスの実験から 2% という値を採用している．しかし，当時すでに Suzuki ら（1969）はマウスの実験で，1 回経口投与したカドミウムの 24 時間後の吸収率は平均 6.6(2.8〜11.4)% という値を得ている．なお，現在

WHOなどでは人による消化管吸収率を5%としている．このように労働衛生基準をそのまま用い，さらにカドミウムの経口摂取の場合の吸収率を低く見積もった計算方法に対する批判のためか，その後の国会やその他の場所における政府答弁等では，後半のイヌの実験を基礎にした説明だけをしている．

例えば，1975年3月6日，衆議院農林水産委員会において石丸隆治厚生省環境衛生局長は，

> 「一応われわれが1ppmの基準を定めました際，用いました実験はアンワーの行った実験でございます．このアンワーの行った実験というのは，4つの段階のカドミウムを含む水をイヌに与えまして，4年間の観察を行っておるわけでございまして，この際の実験が最高10ppmの濃度の水を与えておるわけでございまして，4年間何ら異常を認めなかったというデータでございます．この最高の10ppmを体重当たりの摂取量に直しますと，体重1kg当たり1000μgのカドミウムということになるわけでございまして，この1000μgというものをわれわれの体重で換算いたしました場合にどのくらいになるかということでございますが，この際75倍という安全率を使用いたしまして計算いたしておるわけでございます．すなわち，体重1kg当たり13.3μg，これを50kgの成人に換算いたしますと665μgという数字になるわけでございまして，この665μgから，コメ以外の食品，すなわち野菜類とかあるいは水からもわれわれはカドミウムを摂取いたしておるわけでございまして，その量が165μgでございますので，その量を差し引きまして，われわれがコメから摂取可能なカドミウム量を差し引きまして，われわれがコメから摂取可能なカドミウム量を500μgと計算いたしたわけでございます．…1日500gのコメを食べるといたしまして計算いたしますと，先ほどの数値をこの500gで割りますと1ppmという，かような数字になっておるわけでございます…」

と述べている．この説明は微量重金属調査研究会による方法の逆になっている．また，Anwarらは，カドミウムを含む水を自由に摂取させたので1000μg/kg/日摂取したというのは推定である．イヌによる水摂取量の推定値は0.1L/kg/日となり，過大な数字と考えられる．

なお，先述のように石丸隆治は1ppmという値は「75倍という安全率」を用いたと述べているが，梅本純正厚生省事務次官（代理）は

> 「動物実験等の成績から勘案しまして，大体百倍ぐらいの安全率を見込んで安全であると言う結論が出たわけで御座います」（『第一回土壌汚染対策審議会議録』，1971（昭和46）年6月10日）

と述べているし,神戸大学医学部喜多村正次教授は

> 「80ppm のカドミウムを含んだコメを長期間食べ続けても障害がみられない,こういった意味の数値でございます」(『第 68 回国会衆議院 公害対策並びに環境保全特別委員会議録 第 22 号』,昭和 47 年 5 月 25 日)

と発言している.イヌでは 1000μg/kg 体重/日で障害が起きなかった.1.0mg/kgADW のコメを食べ,その他の食品や水からのカドミウムを勘案してもヒトでは 13μg/kg 体重/日である.13 を 1000 で割ると 77(倍)になるので,これを適当に 75 倍,80 倍,100 倍などと言っているわけである.

カドミウム中毒について長年研究している Friberg ら(1974)は Anwar ら(1961)の論文について次のように批判している.

> 「…Anwar らは論文の要約において,カドミウムを与えられたイヌには病理学的変化はなかったと述べている.しかし,本文の議論のところで彼らは高濃度(2 匹は 5ppm,2 匹は 10ppm)のカドミウムを含む水を与えられた 2 群のイヌの近位尿細管に多量の脂肪を発見したこと,また,1 匹の犬には萎縮した細管を見出したと記述している.彼らは幾匹かの犬はレプトスピラに感染していると考えたので,ある種の病変はレプトスピラのためであろうと結論した.実験に用いたイヌが少ないので,このデータは僅かの価値しか持たない.そして,いずれにせよ長期間にわたるカドミウムの経口摂取が腎臓の損傷を引き起こさないであろうという証拠としてこのデータを用いることは出来ない」

なお,カドミウムの健康影響についてまとめた IPCS(1992)には Anwar らの論文は引用されていない.また,Anwar はその後カドミウムに関する論文を発表していない.

微量金属調査研究会は,その報告書の末尾で

> 「しかし,このような判断に至った科学的事実,たとえば慢性毒性や吸収等の問題については,なお研究すべき点があるので,早急にこれを行いその結果をまってさらに安全性を検討する必要があると考えられる」

としているが,厚生省(のち厚生労働省)においてその後,2003 年までにコメ中カドミウム濃度の「安全性を検討」につおての公表はない.

以上から明らかなように,1970 年に玄米中カドミウムの耐容基準値を 1.0ppm に決めた方法は,科学的な根拠に基づいていない.このように決めたことへの反省もなく,科学的な根拠に基づかぬ決定は,次章で述べる 2003 年(平成 15)12 月 5 日の『日本政府意見』において繰り返されるのである.

7.3 0.4mg/kgADW 以上 1.0mg/kgADW 未満の玄米の取扱い

　食品衛生法に基づいて，1970年に制定された玄米中カドミウムの耐容基準値は1.0mg/kgADWである．なお，白米（精米）中カドミウムの耐容基準値は0.9mg/kgADWである．

日本政府の2003年までの産米の取扱い

　1.0mg/kgADWという耐容基準値が高すぎるとの世論のために，実際には0.4mg/kgADW以上1.0mg/kgADW未満の玄米は，農林大臣の政治的判断によって流通過程から除かれ，政府が購入することになっていた．しかし，これは法的裏付けを欠いた暫定措置である．農林大臣談話は以下の通りである．

農林大臣談話

昭和45年7月24日

1. カドミウムによる米の汚染問題については，7月24日厚生省微量重金属調査研究会より「1.0ppm未満の玄米（精白米については0.9ppm）は人体に有害であるとは判断できない．」旨の意見が表明された．
2. 農林省としては，本件の国民健康に及ぼす影響にかんがみ，問題とされた地域の産米について，既に配給の停止等の措置を講じてきたところであるが，前記の研究会の意見にかんがみ，カドミウム環境汚染要観察地域の産米のうち，農家保有玄米カドミウム濃度が1.0ppm以上の地域の産米は配給しないこととし，要観察地域のそれ以外の産米については食品衛生上，配給しても差し支えないものとみられるが，現在の米の需給事情を考慮し，また，消費者の間に，現に，不安が存在している事情を深く配慮し，これを配給しないこととしたので消費者におかれても米の今後の配給について，心配されることのないようお願いする次第である．
3. なお，本件に関連する米の買入，生産面の措置等については，農家の立場に十分配慮しつつ引き続き検討のうえ，早急に結論を出すこととしたいと考えている．

2004年以降の産米の取扱い

　ところで，2004（平成16）年産米から0.4mg/kgADW以上1.0mg/kgADW未満の玄米に対する政府の方針が変わった．その内容を簡単に述べれば次の通りである．
　『米流通安心確保対策事業実施要綱（平成16年4月1日，15総食第812号，農林水産事務次官依命通知）』によれば，

「…今般，米政策改革により，消費者重視・市場重視の米づくり政策への転換を図るに当たり，カドミウム含有米の政府買入を廃止し，生産者・産地がカドミウム含有米の生産抑制を自主的に取り組むよう支援するとともに，結果的に生産されたカドミウム含有米の食品としての流通を防止し，もって国内産米の流通における消費者の安心を確保することを目的として（趣旨）」いる

となっている．

この要綱に基づく，『米流通安心確保対策事業実施要領』（平成16年4月1日，15総食第814号，総合食料局長通知）によれば，平成16年産米からは，

「都道府県は，…毎年度，カドミウム含有米の生産防止計画を作成する．生産防止計画は，市町村ごとにカドミウム含有米の生産防止対策の対象地区を特定し，対象地区ごとに実施する生産防止対策の内容を定めたものとする．対象地区は次の（ア）又は（イ）の市町村内の地区とする．（ア）これまでに実施されたカドミウム濃度の結果等により，カドミウム含有米が生産される恐れがある地区（イ）将来に向けて，生産防止対策を推進していく地区」

その上で，

①生産調整実施者（著者注：減反協力者のこと）であって，カドミウム含有米の生産防止対策をしても 0.4mg/kgADW 以上 1.0mg/kgADW 未満の玄米が生産された場合には，その米を政府の補助金を受けた社団法人全国米麦改良協会（以下協会）が購入する．

②生産調整者であれば，カドミウム含有米の生産防止対策をしていなくても，翌年度，カドミウム米の生産防止対策を実施することを条件に①の購入価格の4分の3の価格で協会が購入する」

ことになっている．

以上であるが，このところ政府が推進している「自己責任」，「民営化」のカドミウム版のようであり，はたして食の「安全・安心」が確保できるか気になるところである．

「対象地区」以外で生産された玄米，減反に協力しなかった生産者の玄米，4分の3の値段では不満で協会に売らなかった玄米のうち 0.4mg/kgADW 以上 1.0mg/kgADW 未満のカドミウム含有米は本当に市販されないのであろうか．

先の農林大臣談話にもあるように 0.4mg/kgADW 以上 1.0mg/kgADW 未満の玄米は，市販しても食品衛生法に抵触しないので，今後十分注意して事態を見守る必要がある．

8章 日本政府の対応 (Ⅱ)

　日本政府は，2003年12月9日の厚生労働省薬事・食品衛生審議会食品衛生分科会食品規格部会の決定に基づいて，CCFAC（コーデックス食品添加物・汚染物質部会）に対して精米などのカドミウム最大基準値（案）を高める提案を行った．食品規格部会では資料6点，参考資料4点，小沢委員提出資料2点が配布された．小沢理恵子委員（注：日本生活協同組合連合会くらしと商品研究室長）が提出した資料のうち1点は，『日本環境学会食品中カドミウム基準値検討委員会（2003）』である．なお，これらの資料は http://www.mhlw.go.jp/shingi/2003/12/s1209-6.html からアクセスすることができる．当日の議事録は厚生労働省のホームページ（http://www.mhlw.go.jp/shingi/2003/12/txt/s1209-1.txt）で，厚生労働省・農林水産省主催『食品のリスクコミュニケーション（カドミウムに関する意見交換会）（2003年12月12日）』の議事録は http://www.maff.go.jp/syoku_anzen/20031212/cadmium/gijigaiyo.htm で，第36回CCFACへの日本政府提出コメント『カドミウムの最大基準値案（ステップ3）に対する日本政府の意見（仮訳）』（2003.12.15 コーデックス事務局へ提出）（以下，『日本政府意見』）という文書は http://www.maff.go.jp/cd/html/B27.htm で見ることができる．食品規格部会資料のうち『日本政府意見』の基になったのが『厚生労働科学研究費 厚生労働科学特別研究事業 日本人のカドミウム曝露量推計に関する研究 平成15年度中間解析報告 主任研究者 独立行政法人 国立環境研究所 新田裕史』（以下，『中間解析報告書』と略す）（http://www.mhlw.go.jp/shingi/2003/12/dl/s1209-6d.pdf）である．なお，CCFAC事務局へは前記『日本政府意見』とともに『中間解析報告書』も提出されていた．

『中間解析報告書』では厚生労働省の係官が国民栄養調査から作成した資料と，農林水産省の係官が作成した食品中カドミウム濃度の代替基準値案等の資料によってカドミウム摂取量を推計している．

8.1 『日本政府意見』の作成経過

2004年3月開催の第36回CCFACの議事録には，
「日本代表は精米中カドミウムについて0.4mg/kgという最大レベルを提案した．日本代表は，土壌の地質学的性質のためにバックグランドレベルが高いので，0.2mg/kgというレベルは日本では達成できない．また，日本代表は，日本による国内データを用いて実施した確率的曝露評価は0.4mg/kgのレベルはいかなる公衆衛生上の問題も惹起しないであろうと説明した．この立場は他の数人の代表によって支持された．EC（著者注：ヨーロッパ委員会）の代表は，この最大レベルのカドミウムを含むコメを消費することによって，特に若い子どもではPTWI（著者注：暫定耐容週間摂取量）を容易に超えるであろうと述べた」
と書かれている（http://www.codexalimentarius.net-al04_12e.pdf）．

日本政府の主張をわかりやすく書き直せば，
① 日本には地質学的特徴すなわち火山灰土が広く分布しており，火山灰土はカドミウム濃度が高く，したがって，作物中カドミウム濃度も高くなる．
② 日本の非汚染水田でも0.4mg/kgに近い濃度のカドミウム米が生産される．
③『中間解析報告書』によれば，精米中カドミウムの最大基準値を0.4mg/kgに設定しても公衆衛生上の問題は起こらない，

と言うことであろう．①，②は以前から根拠を示すことなく流布されていたものであり，③は新たな問題提起である．なお，『日本政府意見』の骨格をなしている『中間解析報告書』からシナリオ6を採用した『カドミウムの国際基準への対応（検討ペーパー）（2003年12月9日）』（http://www.mhlw.go.jp/shingi/2003/12/dl/s1209-6e.pdf）には③のみが書かれており，「日本政府意見」には③と②が書かれており，①についてはCCFAC会議の席上で述べられたものであると考えられる．

そこで，まず，『中間解析報告書』の推計方法とその結果，および日本政府による修正案決定の経緯について述べ，次に，『日本政府意見』について全般的な意見を述べる．

『中間解析報告書』における推計方法

『中間解析報告書』では，推計計算に用いた資料について次のように述べている．
「食品摂取量については厚生労働省が実施している国民栄養調査のうち平成7年から平成12年までの6年間のデータベースをプールしたものを用い，食品群別に摂取者割合並びに摂取量分布に関するデータを得た．この6年間は1日調査による個人単位の摂取量データが得られている．なお，以下の解析には20歳以上の成人でかつ妊娠していない者，約5万3千名のデータを体重1kg当たり1週間の摂取量に換算して用いた．

食品中のカドミウム濃度については，農林水産省による農作物に含まれるカドミウムの実態調査ならびに水産庁による水産物に含まれるカドミウムの実態調査の各データを用いた．また，輸入分の大豆および小麦のカドミウム濃度として米国産濃度データを用いた．食品流通関連データについては，大豆および小麦の国内産と海外産の消費割合を，食料需給表から用いた」

なお，毎年の国民栄養調査の結果は，その概要をまとめたものが第一出版から『国民栄養の状態』として出版されている．農水産物のデータは，農林水産省『農産物等に含まれるカドミウムの実態調査について－結果の概要－』（平成14年12月2日）（http://www.maff.go.jp/www/press/cont/20021202press_4.pdf）および水産庁『水産物に含まれるカドミウムの実態調査結果について－結果－』（平成15年5月2日）（http://www.jfa.maff.go.jp/release/betu_1.pdf）であろう．これらの各報告書のもとのデータを使って推計計算したと考えられる．

推計にはモンテカルロ法を用いて，約100種類の食品別の摂取量分布とそれらの食品群に農水産物中のカドミウム濃度分布を掛け合わせることによって行った．モンテカルロ法とは確率的な現象を利用し，問題の解や法則性などを得る手法であって，コンピューターシミュレーション手法の一種である．モンテカルロ法は問題の定義が明らかでなかったり，利用できるデータが不備な問題のいずれに対しても適用可能な解析手法である．本質的には，この手法はシステムパラメーターの分布を表すサンプルを入力して，繰り返しの試行を行い比較する方法である（カーメン・ハッセンザール著，中田訳，2001）．

カドミウム濃度が定量下限（LOQ）以下の取扱についてはLOQ以下の割合が60％以下のものはLOQ×0.5を，それ以上の場合は0（予測1）もしくはLOQ値を代入する（予測2）という二通りの推計を行った．

カドミウムの摂取量分布は7つのシナリオについて推計した．シナリオ1は，

表 8.1 シナリオ別カドミウム摂取量分布推計値

単位：µg/kg・bw/週

	シナリオ1		シナリオ2		シナリオ3		シナリオ4		シナリオ5		シナリオ6		シナリオ7	
	予測1	予測2	予測1	予測2	予測1	予測2	予測1	予測2	予測1	予測2	予測1	予測2	予測1	予測2
平均値	3.04	3.35	3.00	3.31	2.76	3.07	2.84	3.14	2.94	3.24	2.98	3.29	3.01	3.30
標準偏差	2.11	2.16	1.97	2.01	1.63	1.65	1.70	1.71	1.87	1.87	1.93	1.96	2.03	2.01
25パーセンタイル	1.75	2.05	1.74	2.04	1.68	1.98	1.72	2.01	1.73	2.03	1.74	2.04	1.74	2.04
50パーセンタイル	2.50	2.81	2.49	2.80	2.37	2.68	2.44	2.74	2.47	2.78	2.48	2.79	2.49	2.79
75パーセンタイル	3.66	3.97	3.64	3.96	3.39	3.71	3.49	3.80	3.60	3.91	3.63	3.94	3.64	3.94
90パーセンタイル	5.36	5.65	5.28	5.60	4.72	5.05	4.87	5.17	5.13	5.42	5.23	5.53	5.28	5.56
95パーセンタイル	6.78	7.11	6.64	6.97	5.75	6.10	5.96	6.25	6.42	6.69	6.54	6.88	6.70	6.94
97.5パーセンタイル	8.35	8.76	8.15	8.55	6.92	7.27	7.13	7.39	7.80	8.07	8.01	8.41	8.34	8.51

『中間解析報告書』(2003)

いずれの食品についてもカドミウム基準値を設けないもの，シナリオ2は，コメのみカドミウム基準値を 0.4mg/kgADW とし，それ以上の濃度を含有する試料を除いたもの，シナリオ3は，2003年3月の CCFAC で提案されているカドミウム基準値を超える濃度の試料を除いたもの，シナリオ4～7はコーデックスの『食品中の汚染物質と毒素に関する一般規格（GSCTE）』に規定されている「ALARA (as low as reasonably achivable) の原則」をカドミウムの実態調査の結果に適用して農林水産省が推定した代替基準値案（ただしシナリオ5～7はシナリオ4についてコメのみ基準値を変化させたもの，すなわちシナリオ4は，0.2，シナリオ5は，0.3，シナリオ6は，0.4，シナリオ7は，0.5mg/kgADW）を超える試料を除いたものである．推計結果は表8.1の通りであった．

『中間解析報告書』から日本政府修正案を決定

以上述べた『中間解析報告書』に基づいて，「国際的に良く用いられる95％値」について検討し，農林水産省による食品中カドミウム濃度の修正案（シナリオ6）によっても，カドミウム摂取量は JECFA による PTWI である 7µg/kg 体重/週

以下であるとして，あらかじめ農林水産省が推定した食品中カドミウム濃度の代替基準値案を日本政府の修正案とした．この決定が『日本政府意見』の骨格をなしている．『日本政府意見』にある「カドミウム最大基準値の提案」を表 8.2 に示した．

8.2 『日本政府意見』の問題点

　最大基準値とは，その濃度のカドミウムが含まれている各食品を一生食べ続けても健康影響が出ない濃度のことである．しかし，『中間解析報告書』を基礎にした『日本政府意見』は，コメその他の食品中カドミウム基準値を表 8.2 のように決めれば，結果として一般の人はそれよりも低い濃度のコメ等を食べることになるので差し支えない，としていると理解される．これは，以前公害巻き返しキャンペーンの中で，1.0mg/kgADW 以上のカドミウム汚染米でも非汚染地域米と混合すれば濃度が低下するので，配給に回しても良いとの主張と本質的に同一であり，この考え方の全食品への拡大適用である．いわば「全食品全国混合希釈法」とでも言える手法であろう．0.4mg/kgADW のカドミウム米を 1 日 160g（現在日本人の平均摂取量）食べるとすれば，それだけでも 64μg となり，コメからのカドミウム摂取率を全食品からのカドミウム摂取量の 50％と仮定すれば 1 日 128μg となる．日本人の平均体重を 50kg とすると，17.9μg/kg 体重/週となってしまい，PTWI である 7μg/kg 体重/週の 2.6 倍になってしまう．

　また，表 8.1 から明らかなように，95％値でカドミウム摂取量が PTWI を越えないのは，シナリオ 1 の予測 2 以外のすべてであり，シナリオ 1 や 2 でも良いとすることも可能であろう．すなわち，コメ中カドミウム濃度の最大基準値を 1.0 あるいは 0.4mg/kgADW にすれば，畑作物のカドミウム濃度は規制しなくても良いと結論されかねない．他方，2003 年における CCFAC の最大基準値案を用いたシナリオ 3 でも 5.75～6.10μg/kg 体重/週であり，安全を見込めばこちらの方が良いと結論を出すことも可能であったはずである．一方，最大基準値の設定に際し 97.5％値を用いるべきであるという意見もある（Sherlock and Walters, 1983）. 97.5％値をもちいれば，シナリオ 3 の予測 1 以外はすべて 7μg/kg 体重/週を超えてしまい，CCFAC の最大基準値案もかなり緩い基準値であることがわかる．CCFAC によるコメの最大基準値案は，初期には穀物・豆類として 0.1mg/kgADW であったことを想起すべきである．

表 8.2 カドミウム最大基準値の提案

コード	食品	最大基準値 (mg/kg)	備考
FC 0001 FP 0009 FS 1112 FB 0018 FT 0026 FI 0030	果実	0.05	
GC 0654	小麦	<u>0.3</u>	
MM 0097 PM 0110	牛, 豚, 羊および鶏肉	0.05	
MM 0816	馬肉	0.2	
VR 0075 VS 0078 <u>VA 0035</u> <u>VL 0053</u>	根菜 茎菜 鱗茎菜 葉菜	0.1	セルリアック, <s>ばれいしょ</s>, ゴボウ, サトイモ, ニンニク, ホウレンソウを除く
VR 0578 <u>VR 0575</u> <u>VA 0381</u>	セルリアック ゴボウ ニンニク	0.2	
<u>VR 0505</u> VL 0502	サトイモ ホウレンソウ	<u>0.3</u>	
VB 0040 VC 0045 VO 0050 VP 0060 VD 0070	アブラナ科野菜 ウリ科果菜 その他果菜 豆類 豆科野菜	0.05	食用キノコ, <s>トマト</s>, ナス, オクラ, <u>大豆</u>を除く
<u>VO 0440</u>	ナス	<u>0.1</u>	
VO 0449 <u>VO 0442</u>	食用キノコ オクラ	0.2	
VD 0541	大豆	<u>0.5</u>	
HH 0726	ハーブ	0.2	新鮮なもの
CM 0649	精米	<u>0.4</u>	
SO 0697	落花生	0.2	
<u>IM 0151</u>	海産二枚貝	1.0	ホタテガイ類を除く
<u>IM 1005</u>	ホタテガイ類	1.0	中腸腺を除く
<u>IM 0152</u>	頭足類	1.0	内臓を除く

第 36 回 CCFAC への日本提出コメント (2003)

著者注：アンダーラインは日本政府の提案, ばれいしょとトマトは削除を提案.

また,『中間解析報告書』では各シナリオについてカドミウム摂取量を求めたものであって,個々の食品の最大基準値を決定したものとは考えられない.また,『中間解析報告書』を基にした『日本政府意見』では,95％値を用いるので,カドミウム摂取量が多い人が除かれることになる.したがって,カドミウム摂取量が多いと考えられるカドミウム汚染地やその周辺の人々のことは考慮されないことになる.

　次に,日本政府代表が第36回CCFACの席上で述べたと考えられる「火山灰土はカドミウム濃度が高い」という意見,『日本政府意見』にある「日本の非汚染水田で0.4mg/kgADWに近い濃度のカドミウム米が生産されることがある」という意見,『中間解析報告書』で用いた資料の問題点に対して順次検討を行い,最後にその他の問題点についても若干の検討を行うことにする.

8.3 非汚染火山灰土中カドミウム濃度は高くない

　『日本政府意見』には火山灰土にカドミウムが多いとの記述はない.土壌肥料学研究者で非汚染火山灰土中カドミウム濃度が高いと主張する人はいない.しかし,以前から「日本には火山灰土が多いのでコメ中のカドミウム濃度が高いのだ」と,何の根拠も示さずに述べられることがある.特に衛生学関係者は,ほとんどの人が火山灰土にはカドミウムが多いと思っているとのことである.

非汚染火山灰土中カドミウム濃度は高いという衛生学者の主張

　事実,前記食品規格部会で配布された『食品中に残留するカドミウムの健康影響評価について』研究班(主任研究者 櫻井治彦,分担研究者 池田正之,香山不二雄,大前和幸)が原案を作成し,厚生労働省薬事・食品衛生審議会食品衛生分科会毒性部会名でだされた文書『カドミウムの毒性評価に当たっての検討事項について』(http://www.mhlw.go.jp/shingi/2003/12/s1209-6i.pdf)中には,

「我が国は,火山による影響や歴史的な鉱山開発等によって土壌中のカドミウム濃度が比較的高く,農産物中のカドミウムが比較的高くなる地域が散見される」

と書かれている.なお,前記毒性部会(2003年6月27日)の議事録(http://www.mhlw.go.jp/shingi/2003/06/txt/s0627-2.txt)によれば,櫻井は,

「(カドミウムは)銀,銅,亜鉛等の金属とともに存在するために,日本では一千年以上前から鉱山開発等によって掘り出されてきている.更に火山活動の影響も

ある.つまり,銅,銀,亜鉛等の鉱物は火山活動の影響で存在するわけで,鉱山開発と火山活動は,一体をなしているようなものでございますから,そういった結果,土壌において我が国では比較的高いレベルにあるという認識であります」
と述べている.

非汚染火山灰土中カドミウム濃度は高くない

人体被害が認められている地域で,現世の火山活動に直接関連して形成された鉱床は皆無である(日本環境学会食品中カドミウム基準値検討専門委員会,2004).噴出岩の基となった分化が進んだマグマは,すでに重金属元素が熱水中に分離された後の「残滓」である.さらに,火山爆発で噴出される火山弾やマグマの飛沫である火山灰の温度は1000℃程度であるので,沸点の低いカドミウム(金属カドミウムの沸点は767℃)は火山爆発の際ほとんど気化して火山噴出物から分離されると考えられる.なお,兼岡・井田(1997)によれば,噴出温度は,玄武岩質は1000〜1200℃,安山岩質は950〜1200℃,デイサイト(石英安山岩)は800〜1100℃,流紋岩質は700〜900℃である.

上記の櫻井の説明は,「火山活動[注1]」と「火成活動[注2]」を混同して述べており,事実に即していない.したがって「(火山国である)我が国の土壌が比較的高いレベルにある」という認識そのものも,実態のない認識であるといえる.

作物が栽培されるのは火山噴出物そのものではなく,火山灰土であるので,火山灰土中カドミウム濃度について見ることにする.表8.3は日本土壌協会(1984)のデータを著者がまとめたものである(浅見,2002a).公定法である0.1M塩酸浸出法による分析結果だけを示しているが,火山灰土が特にカドミウム濃度が高いことはない.なお,火山灰土は粗鬆であるのでかさ密度(仮比重)が低く,体積あたりで表せばさらに低い値となる.なお,下層土に比べて表層土の濃度が高く,表層土へのカドミウムの富化を示している.また,Takedaら(2004)は日本の78地点の土壌試料514点を分析した結果を最近報告しているが,アンドソル

[注1] 火山活動:地下のマグマや火山ガスが地表に達し,地上に放出される際に生ずる動的作用.火山灰の噴出・溶岩の流出・火山体の形成・火砕物の堆積などのほか,噴火現象・噴気作用・火山地震・火山性の地殻変動などが含まれる.

[注2] 火成活動:地下深部でできたマグマが地表に噴出したり,地殻内に貫入すること.およびそれに伴う諸作用.火成作用ともいう.火成作用は火山活動と深部活動に大別される.

表8.3 土壌の種類別カドミウム濃度（0.1M HCl 浸出法）

mg/kgDW

土壌の種類	地点数	算術平均	幾何平均	最小値	5%値	25%値	中央値	75%値	95%値	最大値
〈表層土〉										
砂丘未熟土	17	0.108	0.093	nd	nd	tr	0.10	0.10	2.25	2.25
火山灰土	164	0.244	0.203	nd	tr	0.12	0.20	0.30	0.57	0.60
褐色森林土	125	0.198	0.149	nd	tr	0.10	0.18	0.30	0.52	1.10
湿性台地土	41	0.175	0.138	nd	nd	tr	0.19	0.22	0.35	0.50
赤黄色土	86	0.170	0.135	tr	tr	0.10	0.11	0.25	0.40	1.60
低地土	233	0.252	0.206	nd	tr	0.15	0.21	0.35	0.50	0.70
黒泥・泥炭土	21	0.373	0.325	0.11	0.12	0.21	0.40	0.50	0.66	0.70
全体	687	0.228	0.179	nd	tr	0.10	0.20	0.30	0.50	1.60
〈下層土〉										
砂丘未熟土	17	0.056	0.050	nd	nd	tr	tr	tr	0.10	1.10
火山灰土	164	0.133	0.103	nd	tr	tr	0.10	0.17	0.40	0.60
褐色森林土	125	0.107	0.084	nd	tr	tr	0.10	0.12	0.30	0.40
湿性台地土	41	0.081	0.065	nd	tr	tr	tr	0.10	0.26	0.60
赤黄色土	86	0.091	0.074	tr	tr	tr	tr	0.10	0.26	0.40
低地土	233	0.156	0.123	nd	tr	tr	0.11	0.20	0.35	0.70
黒泥・泥炭土	21	0.251	0.209	tr	tr	0.13	0.25	0.35	0.55	0.60
全体	687	0.130	0.099	nd	nd	tr	0.10	0.19	0.33	0.70

nd：検出限界以下，tr：定量限界以下　　　　　　　　　　日本土壌協会（1984）より作成
浅見（2002a）

（火山灰土）のカドミウム濃度が特に高いということは認められなかった．

　それでは汚染土壌ではどうであろうか．玄米中カドミウム濃度について，汚染火山灰土と汚染非火山灰土（砂質土壌）を比較したのが**表8.4**である．この表は館川（1978）と柳澤ら（1984）の報告から浅見（2002a）が取りまとめたものである．汚染火山灰土は日曹金属会津製錬所が汚染源である福島県磐梯地域の水田であり，非火山灰土は三井金属神岡鉱業所が汚染源である神通川流域の主として砂質水田である．汚染火山灰水田土壌は土壌中カドミウム濃度に比べて玄米中カドミウム濃度は低く，汚染非火山灰水田土壌は土壌中カドミウム濃度に比べて玄米中カドミウム濃度が高い．火山灰土はカドミウムを集積しやすいが，集積したカドミウムは作物によって吸収され難いことが分かる．このことは，火山灰土は

表 8.4 カドミウムで汚染された火山灰土と非火山灰土で栽培された
コメ中カドミウム濃度

土壌の種類	場所	試料数	(A) 玄米中カドミウム 平均値(範囲)mg/kgADW	(B) 作土中カドミウム 平均値(範囲)mg/kgDW	(A/B)×100 %
火山灰土	磐梯東部地区 (大気型汚染)	85	0.20 (0.00 〜 1.11)	14.4 (2.4 〜 49.2)	1.4
	磐梯西部地区 (大気・水型汚染)	85	0.47 (0.04 〜 0.99)	34.0 (4.0 〜 69.0)	1.4
非火山灰土	神通川流域 (調査対象面積 3128ha)	2570 (玄米) 1667 (作土)	0.37 (0.00 〜 5.20)	1.35 (0.18 〜 6.88)	27.4
	神通川流域 (対策地域面積 1500.6ha)	544	0.99 (0.25 〜 4.23)	1.12 (0.46 〜 4.85)	88.4

磐梯地区土壌は過塩素酸分解法,神通川流域土壌は 0.1M HCl 浸出法によってカドミウムの分析を行なった.
舘川(1978),柳沢ら(1984)より作成

アロフェンという非晶質粘土鉱物や有機物を多く含んでいるために,カドミウムを良く集積するが,そのカドミウムは水稲によって吸収され難いということであろう.

日本と同様に火山国であるニュージーランド土壌について,Roberts ら(1994)の論文も引用して,Longanahtan ら(2003)が放牧地の肥料施用にともなうカドミウムとフッ素の汚染について総説を書いている.ニュージーランドでは 1990 年代まで酸で処理した燐鉱石をリン酸肥料として放牧地に散布していた.それはカドミウム濃度が高いナウル産燐鉱石(カドミウム 100mg/kg)とクリスマス島産燐鉱石(カドミウム 43mg/kg)であったので,施肥放牧地土壌のカドミウム濃度が高まったとのことである.土壌分析は硝酸−過塩素酸分解法によって行ったので,データはほぼ全カドミウム濃度となっている.日本土壌の場合と同様に無施肥の火山性土(アロフェン質土壌と浮石土壌)中カドミウム濃度はニュージーランド土壌の平均値に比べて特別高いということはないが,施肥によって 2 種の火山性土は他の土壌よりもカドミウム集積量が多かった.火山性土以外では有機物を多く含む泥炭土壌のカドミウム集積量が多かった.

以上から明らかなように,火山灰土を含む火山性土はカドミウム濃度が特に高いことはないが,カドミウムをよく集積する.火山灰土のカドミウム濃度が高い

のではなく，カドミウム汚染地にある火山灰土のカドミウム濃度が高いのである．人為的汚染がなければ，火山灰土中カドミウム濃度が特に高くないことは明らかである．

森下ら (1986) および Morishita ら (1987) が筑波大学農林技術センターの火山灰土水田で，同一条件で栽培した種々の品種の水稲玄米中カドミウムの分析をしている．この水田は，筑波台地にある非汚染の畑と松林を 1977 年に開田した火山灰水田である．1983 年および 1985 年の分析結果によれば，玄米中カドミウム濃度は，日本型 28 品種では 0.0086（0.0043〜0.0270）および 0.0063（0.0021〜0.0194）mg/kgADW であった．非汚染火山灰水田で生産される玄米中カドミウム濃度は非常に低いことが分かる．

8.4 非汚染水田産米中カドミウム濃度の最大値 0.4mg/kg は正しいか

『日本政府意見』には，

「我が国では，昭和 44 年に以下のことが明らかにされました．(1) 米に含まれるカドミウム濃度が 0.4mg/kg を超えていることは，土壌が人為的にカドミウムに汚染されている指標として考えられること (2) 0.4mg/kg 未満のカドミウム濃度は，人為的もしくは産業活動による汚染がなくとも，米に含まれる可能性のあるレベルであること」

と書かれている．

日本政府は昭和 44（1969）年 9 月 11 日付の厚生省公害部による『カドミウムによる環境汚染暫定対策要領』のなかで，

「0.4ppm という濃度は，さらに精密な調査を実施する必要性の有無を判断する尺度であって，安全とか危険とかいうような影響の判断と直接結びつくものではない」

と述べている．

そして，玄米中カドミウム濃度の基準値を 1.0mg/kg に決めた当時の橋本道夫厚生省公害課長が，朝日新聞（1970 年 7 月 19 日）の座談会において，

「非汚染地区の最高濃度は，ほぼ 0.4ppm とでた．つまり，これ以上のカドミウムが検出された地域は，なんらかの人為的汚染があるものと判定した」

と述べていることと符合する．

イタイイタイ病対策協議会と神通川流域カドミウム被害団体連絡協議会の主催による「イタイイタイ病セミナー」が富山県民会館で毎年 11 月に開かれている．

2004年の第23回セミナーでは、イタイイタイ病に関する厚生省見解を出したときの課長であった橋本が講演している。その中で橋本（2005）は、

「実は日本の米というのは、0.4ppmというのはだいたいイタイイタイ病をされている地域の全体の平均をするとその辺になってきます。それが実は非常に難しい問題でした。0.4が悪いと言ったら、片っ端から全部おじゃんになるということです。それはほとんど日本全国の米になるわけです。これはやはり日本の地質がカドミを含んでいるんでしょうね。それでそのようになるんだろうと思いますが、そのような問題が、イタイイタイ病の0.4ppmという数字で表われたということはここでご紹介しておきます」

と述べ、質疑でも、

「日本全国の米をあちこち調べてみると0.4ぐらいになるんですね。ですから、それがいけないということを言ったら、米を作るのがいかんか、食べたらいかんという話なわけです。しかし、0.4ぐらいで何が起こるかということは、日本全国の様子を見ても分かるわけです。別にそう問題になるような腎症が起こってくるようなこともないということで、0.4 というのをやめて、1ppm というのを取り上げて、対策を打つということを致しました」

と述べている。この発言は意味不明な部分もあるが、講演では、イタイイタイ病発生地域で生産されるコメ中カドミウム濃度は平均0.4ppmである。0.4ppmが悪いならば、それはほとんど日本全国のコメになるわけである、という趣旨のことが述べられている。イタイイタイ病発生地域産のコメ中カドミウム濃度と日本全国の非汚染地域のコメ中濃度が同じであると述べているわけである。このような理解の下に日本のカドミウム行政は行われていたし、現在でも行われていると考えざるを得ない。橋本の発言には、後述の農林水産省による全国調査などの結果は踏まえられていない。

さらに、土壌汚染対策審議会（1971）において、厚生省梅本正純事務次官（代理）は「全国のカドミウム米の、工場汚染をされていない地域の平均を調べましたところ、最高が0.4ppmでございます」と発言している。しかし、0.4ppmの米が生産された非汚染水田の所在についての言及もなく、委員の質問もなかった。

また、1973年に発行された環境庁土壌農薬課編『土壌汚染』（白亜書房）にも、0.4ppmの米が生産された非汚染水田の記述はなかった。

非汚染地区で生産された玄米にカドミウムを0.4mg/kg含むものがあるという根拠について著者が複数の農林水産省の係官に聞いたことがあるが「わからない」

という返事であった.

その後入手した『官公庁公害専門資料,第4巻3号（1969）』により,0.4mg/kgの根拠は,日本公衆衛生協会（1969）による安中「非汚染」土壌に関する分析値,および森次・小林（1963）による各地の農業試験場産米の分析値に基づいていることが分かった.

安中地域調査で対照（非汚染）とされた地点は汚染田であった

日本公衆衛生協会（1969）の報告には,碓氷川・柳瀬川流域（安中地域）の11地点の水田作土と産米が採取分析されている.そのうち,地点1と8とが非汚染（対照地点）とされていた.試料採取地点を図8.1,「非汚染」地点の土壌中および精白米中カドミウム,亜鉛,鉛,銅濃度を表8.5に示した.地点1は安中製錬所の北約1300m,地点8は工場の東約6000mの地点に位置し,両地点とも工場の煙突から出たカドミウムや亜鉛が碓氷川に沿って風によって運ばれ,十分到達可能な場所であろう.地点1の水田作土3点（水口,中央,水尻）の平均でカド

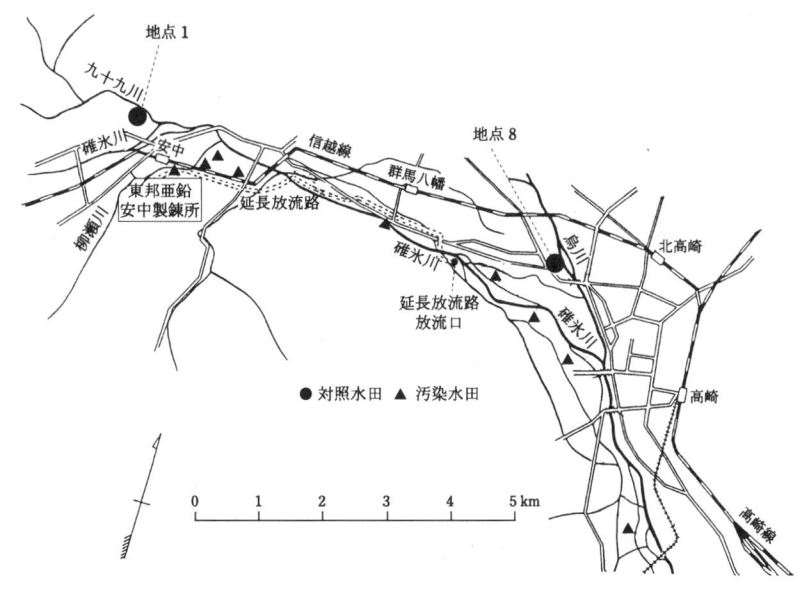

図8.1 碓氷川・柳瀬川流域における水田土壌およびコメ採取地点
日本公衆衛生協会（1969）

表 8.5 碓氷川・柳瀬川流域におけるコメおよび水田土壌中の重金属分析成績

番号	試料採取地点および耕作者	コメ（10%精白）(ppm)				水田土壌 (ppm)			
		Cd	Pb	Zn	備考 Cu	Cd	Pb	Zn	備考 Cu
1	安中市川原田 5027 （九十九川取水非汚染） 杉本久雄 水田	0.24 0.24 0.24	<0.2 <0.2 <0.2	17.1 16.1 14.7	2.6 2.9 2.6	2.8 2.1 2.5	52 52 46	250 210 220	65 65 65
8	高崎市下豊岡町北久保 （烏川取水非汚染） 梁瀬寅造 水田	0.32 0.35 0.23	0.4 0.4 0.4	21.2 21.5 18.1	2.9 2.8 2.2	1.9 2.1 3.0	65 70 61	250 210 250	100 100 98

数字はそれぞれ上から水口，中央，水尻の試料の値　　　　　　　　　　日本公衆衛生協会（1969）

ミウムが 2.5mg/kgDW, 亜鉛が 227mg/kgDW あり，地点 8 ではそれぞれ 2.3 および 237mg/kgDW であった．これらの値は，浅見（2001）がとりまとめた特には汚染が考えられない土壌中カドミウムおよび亜鉛濃度である 0.34（0.27～0.44）mg/kgDW および 75.7（54.9～87.8）mg/kgDW に比べてはるかに高い値であって，この点からも非汚染地点とされた地点は明らかに汚染されていると言えよう．したがって，産米中カドミウム濃度が高いのは当然である．結局，この調査はカドミウムなどの重金属汚染米は排水由来のものだけであり，大気由来のものはないという錯覚のうえで実施したために，汚染水田を非汚染水田とする誤りを犯してしまったのであろう．

なお，この調査に関係した小林（1971）は，

「私は班員として安中の現場に立ち会う予定で，上野を発つ汽車の時間まで厚生省と打ち合わせが出来ていた．それにもかかわらず，出発の直前になって重松班長から，鉱山側が私に神経を尖らせているから，私の出発をとり止めてほしいとの連絡を受けた．…1968（昭和 43 年）7月に行われた第一回打ち合わせの席上で，班員の岩崎岩次教授（東京工大）が，安中では製錬所の煙によるカドミウム汚染を見逃せないだろうと発言した．その時，私はそれについて農作物（著者注：畑作物）を調査したデータを用意していたので，その席で配布したところ重松班長は『爆弾宣言だ』といって大変喜んだ．それなのに，研究班による（昭和）43 年度の安中の調査は，結局，煙による丘陵地などの汚染調査を避けて，排水の影響をうける水田だけにかぎられた．…研究班の報告書は，…安中の煙によるカドミウム汚染については一言も触れていなかった」

と述べている．この記述から，この時の厚生省による調査は，排煙によるカドミウム汚染を意識的に無視したとも考えられる．単なる「錯覚」による誤りではないのかもしれない．

0.4mg/kg 以上のカドミウム米が検出された水田は汚染田

森次・小林（1963）は全国都道府県農業試験場の1959年産米約200点を集めて精米中カドミウムの分析を行い，東京都農業試験場からのコメに 0.472 および 0.421mg/kg，富山県農業試験場のコメに 0.413mg/kg のカドミウムが含まれていることを明らかにした．ところで，その後東京都農業試験場の水田はカドミウム汚染地の中にあることが分かった（増井ら，1971）．また，当時富山県農業試験場は富山市太郎丸（神通川下流域の東約 2500m）にあり，高カドミウム米が生産された理由は今後検討する必要がある．柳澤ら（1984）によれば，当時の富山農試土壌のカドミウム濃度は 0.42mg/kgDW（0.1M 塩酸浸出法）であり，また，神通川流域では 0.46mg/kgDW の水田土壌からでも 1.11mg/kgADW の玄米が生産されたとのことであり，富山農試土壌が軽度に汚染されていた可能性が考えられる．

8.5 『中間解析報告書』に用いた資料の問題点

『中間解析報告書』に用いた資料は，先に述べたように国民栄養調査（平成7～12年）および農林水産省・水産庁による農水産物等のカドミウム濃度の値である．ここでは，『中間解析報告書』で用いた資料の問題点について検討することにする．

母集団から 19 歳以下，妊婦および 20 歳以上の多くの人を除いている

『中間解析報告書』には，

> 「食品摂取量については…国民栄養調査のうち平成7年から平成12年までの6年間のデータベースをプールしたものを用い，…20歳以上でかつ妊娠していない者，約5万3千人のデータを体重1kgあたり1週間の摂取量に換算して用いた」

とある．

毎年行われている国民栄養調査は，約15000人を「調査の客体」としているという．平成7～12（1995～2000）年国民栄養調査の結果を見ると，表8.6 に示すように，毎年 12271～14240 人からデータが採られており，6年間の合計で

表 8.6 国民栄養調査（平成 7 ～ 12 年）の年齢層別人数

年齢層(歳)・男女		平成7	8	9	10	11	12	合計
1～ 6	男	490	448	381	475	377	361	2532
	女	501	437	363	386	372	343	2402
7～14	男	803	690	647	705	597	602	4044
	女	739	668	628	675	535	581	3826
15～19	男	500	473	446	416	379	339	2553
	女	440	438	418	411	383	369	2459
20～29	男	790	802	772	741	707	676	4488
	女	942	947	927	817	847	692	5172
30～39	男	928	806	694	829	747	688	4692
	女	982	873	794	931	820	787	5187
40～49	男	1057	1029	963	960	803	770	5582
	女	1159	1119	1066	1040	891	874	6149
50～59	男	897	920	955	959	963	913	5607
	女	1039	1037	1064	1112	1033	1050	6335
60～69	男	761	880	781	903	799	828	4952
	女	855	1000	963	982	954	854	5508
70～	男	543	614	604	677	636	638	3712
	女	814	838	923	970	920	906	5371
合　計	男	6769	6662	6243	6665	6008	5815	38162
	女	7471	7357	7046	7324	6755	6456	42409
男　女　計		14240	14019	13289	13989	12763	12271	80571

国民栄養調査平成 7 ～ 12 年より作成

80571 人である．**表 8.7** には 19 歳以下と 20 歳以上に分けてそれぞれの人数と比率を表示した．19 歳以下の比率は男性で 23.9％，女性で 20.5％，全体で 22.1％である．妊婦数を計算によって求めると，80571－17816－53000＝9755（人）となり，全調査対象人口の 12.1％にあたる．さらに，妊婦は主として 49 歳以下であると仮定すると，20 ～ 49 歳の女性 16508 人の 59.1％となり，非常に過大な値になる．

なお，総務省統計局・統計研修所編『日本の統計 2002』によれば，人口 1000 人当たりの出生率は，平成 7 年から平成 12 年に，9.6, 9.7, 9.5, 9.6, 9.4, 9.5 人，平均 9.6 人であり，出生率は 0.96％となっている．妊娠期間を 10 ヵ月と仮定すると妊婦率は約 0.8％となり，上述の 12.1％の 15 分の 1 の値である．

そこで，著者が，『中間解析報告書』の執筆者に電話で聞いたところ，「国民栄養調査に係る一次資料は厚生労働省で作成したものを渡されたので，19 歳以下と

表 8.7 19歳以下および妊婦の人数・比率

年齢層・男女		人数	男女計	年齢層別・男女別比率	年齢層別比率
1～19	男	9129人	17816人	23.9%	22.1%
	女	8687		20.5%	
20～	男	29033	62755	76.1%	77.9%
	女	33722		79.5%	
(20～49の女)		(16508)			
合　計	男	38162	80571	—	—
	女	42409			

『中間解析報告書』では平成7～12年の国民栄養調査の人数のうち, 20歳以上で妊娠していない人約53000人について推計しているので,
妊婦数：80571 − 17816 − 53000＝9755（人）
妊婦率：(9757÷80571)×100＝12.1（％）（？）
20歳以上の女性で妊娠年齢はおおよそ49歳までとすると,
20～49歳の妊婦率：(9755÷16508)×100＝59.1（％）（？）
22.1％（19歳以下）＋12.1％（妊婦）＝34.2％が推計から除外されている.
ただし, 全体の妊婦率は12.1％, 20～49歳女性の妊婦率59.1％は信じがたい.

国民栄養調査平成7～12年より作成

妊婦の数は分からない．推計に用いたのは53528人である．食品ごとに欠測値があるので人数が少なくなっている」とのことであった．

この6年間の調査における妊婦数は，妊婦率を0.8％とすると，80571×0.008＝645（人）であるので,妊婦を除く20歳以上の人数は62755−645＝62110（人）であり，62110−53528＝8582（人）が推計から除かれている．結局，『中間解析報告書』では19歳以下17816人，20歳以上で推計から除かれた9227人，53528人の5％である2676人,全部で29719人と実に37％の人が除かれていることになる.

19歳以下の人の体重1kgあたりの食品摂取量は多い

種々の食品の摂取量は年齢によって異なると考えられるので，食品全体の摂取量に対応する摂取エネルギーおよびカドミウムの最大摂取源であるコメ摂取量について,男女別,年齢層別にまとめたのが表8.8である．これから明らかなように，男性の1kgあたりのエネルギー摂取量およびコメ摂取量はそれぞれ，20歳以上と比べて，1～6歳は2.60倍および1.74倍，7～14歳は1.60倍および1.17倍，15～19歳は1.16倍および1.10倍となっていた．女性では20歳以上と比べて，1～6歳は2.55倍および1.91倍, 7～14歳は1.50倍および1.13倍, 15～19歳は1.08

表 8.8 年齢別食品等摂取量・摂取比率（平成 7 から 12 年国民栄養調査から）

男性

年齢層 （歳）	人数 （人）	体重 (kg)	摂取量（日あたり）		摂取量(kg 体重/日あたり)		摂取比率	
			エネルギー (kcal)	コメ (g)	エネルギー (kcal)	コメ (g)	エネルギー	コメ
1～6	2532	15.8	1411	89.6	91.2	5.67	2.60	1.74
7～14	4044	37.5	2104	142.6	56.1	3.80	1.60	1.17
15～19	2553	61.0	2485	217.6	40.7	3.57	1.16	1.10
20～29	4488	65.3	2269	207.9	34.7	3.18		
30～39	4692	68.0	2334	209.8	34.3	3.09		
40～49	5582	67.0	2316	209.6	34.6	3.13		
50～59	5607	64.1	2343	213.4	36.6 平均 35.1	3.33 平均 3.25	1.00	1.00
60～69	4952	61.4	2221	210.6	36.2	3.43		
70～	3712	57.0	1962	189.9	34.4	3.33		
計・平均	38162	57.5	2201	193.5	―	―	―	―

女性

年齢層 （歳）	人数 （人）	体重 (kg)	摂取量（日あたり）		摂取量(kg 体重/日あたり)		摂取比率	
			エネルギー (kcal)	コメ (g)	エネルギー (kcal)	コメ (g)	エネルギー	コメ
1～6	2402	15.5	1366	81.9	88.1	5.28	2.55	1.91
7～14	3826	36.5	1892	114.5	51.8	3.14	1.50	1.13
15～19	2459	51.3	1904	138.9	37.1	2.71	1.08	0.98
20～29	5172	51.1	1824	133.3	35.7	2.61		
30～39	5187	53.2	1843	137.1	34.6	2.58		
40～49	6149	54.7	1886	143.6	34.5 平均 34.5	2.63 平均 2.77	1.00	1.00
50～59	6335	54.2	1895	149.1	34.9	2.75		
60～69	5508	53.2	1797	154.8	33.8	2.91		
70～	5371	48.8	1622	153.0	33.2	3.14		
計・平均	42409	49.0	1802	138.5	―	―	―	―

国民栄養調査 平成 7～12 年より作成

倍および0.98倍になっていた.

　国民栄養調査では食品中カドミウム濃度の調査はされていないので, カドミウム摂取量に換算できないが, EC代表が心配するようにエネルギーあるいはコメ摂取量に比例して, 19歳以下特に幼児の体重1kgあたりのカドミウム摂取量が多く, 0.4mg/kg含むカドミウム米を食べるならばPTWIを超えることは間違いあるまい. Moschandreasら (2002) による米国の調査によれば, 20歳以上の男女の平均カドミウム摂取量に比べて, 1～6歳は2.12倍, 7～12歳は1.32倍であった.

19歳以下を除いた理由の厚生労働省説明

　厚生労働省・農林水産省共催による『食品に関するリスクコミュニケーション (カドミウムに関する意見交換会〈第2回〉)』が2004年6月9日に開催された. その席上, 厚生労働省の中垣俊郎基準審査課長は一般参加者に対して次の様に答えている.

　「比嘉 (埼玉学校給食を考える会):…使用したもとになるデータの中に20歳以上の成人という条件が入っているのですが, 子供についてはどのように考えているのか….

　中垣 (厚生労働省):…使用した食品摂取量のデータが20歳以上の者となっているが, 子どもをどう考えているのかというご質問でした. カドミウムの毒性というのは, 中高年齢の女性の腎臓機能に影響を及ぼすということが知られているわけで御座います. この腎臓というのも, 例えばおしっこがでなくなるとか, たんぱくが出るとか, そうゆうレベルの問題ではなくβ_2-マイクログロブリンと言われるいわゆる臨床検査値の一つがあるんですが, これが若干高くなるということが一番低用量で出る, すなわち7マイクログラムという耐容量を決める根拠がここにあるわけです. そういう意味では中高年齢の女性が一番危害の対象となりやすいということですから, またカドミウムの体内に摂取された後の半減期というのは約10年というデータでございますので, そのあたりを勘案して, この場合には成人の摂取量というものとったわけでございます. …」

　質問者が「学校給食を考える会」の方であるので, 妊婦を除いた理由を聞いていないのは残念である. また, 『中間解析報告書』で全く述べられていなかった, 20歳以上の8000余人を除いた理由は全く説明されていない.

　ところで, カドミウム汚染地においては, 中高年女性だけにβ_2-ミクログロブリンが増加するというデータはない. すべての場合に男女とも増加している. 一例

表 8.9 梯川流域のカドミウム汚染地と石川県内非汚染地における性, 年齢による β_2-ミクログロブリンの有症率[注]

年齢	カドミウム汚染地		カドミウム非汚染地	
	n	%	n	%
男性				
50～59	600	4.8	124	0.8
60～69	494	13.0*	176	4.5
70～79	265	28.7*	122	12.3
80～	65	52.3*	42	11.9
全体	1423	14.3	464	6.3
女性				
50～59	713	4.9	198	1.5
60～69	590	17.1*	264	2.7
70～79	340	36.5*	139	5.9
80～	110	61.8*	39	17.9
全体	1753	18.7*	670	4.0

[注] 1000μg/gcr. を有症とした.
* 非汚染グループに比べて 0.01％ レベルで有意.

Hayano et al. (1996)

として, 石川県梯川流域と石川県内の非汚染地の調査結果を**表 8.9**に示す (Hayano ら, 1996). 男女間に著しい差は認められない.

次に, 人体内におけるカドミウムの生物学的半減期について述べる. JECFA (FAO/WHO 合同食品添加物専門家委員会) によれば, ヒトにおける生物学的半減期は, 1972 年の第 16 回会議では「16 年と 33 年の間」にあるとされ, 2000 年の第 55 回会議では「少なくとも 17 年」であるとされている. Friberg ら (1974) は「恐らく 10～30 年」, Friberg ら (1985) は「少なくとも 16 年」と述べている. また, Travis と Haddock (1980) は, 誕生時点では 34 年であり, 加齢とともにカドミウムの生物学的半減期は減少し, 80 歳では 11 年であると報告している.

また, Trzcinka-Ochocka ら (2004) は, 亜鉛製錬所周辺の疫学調査によって, 子どもに対するカドミウムの曝露は大人に比べて腎臓機能への影響が大きいと述べている.

日本では子どもに対するカドミウム曝露影響の研究が行われていないが, 子ど

ものカドミウム半減期が長いこと，体重 1kg あたりの摂取量が多いこと，カドミウム曝露の影響が大きいことなどを勘案すれば，子どもを推計の母集団から除外することは大きな過ちであろう．カドミウム曝露の子どもへの影響についての研究を組織的に実施すべきである．

農林水産省調査による作物中カドミウム濃度および代替最大濃度案

『中間解析報告書』には ALARA という略号が盛んに出てくる．ALARA (as low as reasonably achievable) とは，もともと放射線防護の最適化に係る概念である．日本環境学会食品中カドミウム基準値検討専門委員会 (2004) でも若干考察している．なお，農水省のホームページにある農林水産省消費・安全局総務課食品安全危機管理官は，ALARA の原則とは「<u>無理なく</u>到達可能な範囲でできるだけ低く設定」，「食品中の汚染物質の通常の濃度範囲よりもやや高いレベルに設定」，「適切な技術や手段の適用によって，汚染しないように生産されていることを前提」（アンダーラインは著者）と説明している．"reasonably" を「無理なく」と訳している点について，薬事・食品衛生審議会食品衛生分科会食品規格部会（平成15年12月9日）において，小沢理恵子委員（日本生活協同組合連合会くらしと商品研究室長）は，

> 「ARARA の原則の理解の仕方として，リーズナブルというところなのですが，この翻訳，訳したコメントの中に『無理なく』という訳がございまして，無理なくというのは，一体だれが無理をしないのかということを思いますと，むしろ合理的にできるだけ低くするのだというふうなことをきっちり踏まえる必要があるのではないかと思っております」

という意見を述べている．これに対して，厚生労働省の中垣基準審査課長は，

> 「確かに『無理なく』というのは，小沢先生の御指摘のとおり，『合理的に』という訳の方が適切だと考えますので，訂正させていただきます」

と返答している．小沢委員の発言がなかったらば，「無理なく」のままになっていたであろう．

『中間解析報告書』の本文中に記載されている「食品中の汚染物質と毒素に関する一般規格」の「付属文書1」には，

> 「最大レベルは達成可能な限り低く設定されるべきである．もしも，毒物学的観点から受容されるならば，最大レベルは食料生産や貿易の不適当な混乱を避けるために，現在の適切な技術手段で生産された食料のレベルにおける変位の通常の範

囲より僅かに高いレベルに設定すべきである．…達成可能な手段によって回避できる地域的条件あるいは加工条件により明らかに汚染されている食料は，この評価から除かれるべきである…」

と書かれている．要するに汚染された食料は，最大レベルを設定する際には除くべきであるということであろう．CCFAC事務局に提出した『日本政府意見』にも「汚染地で生産された農作物のデータは含まれておりません」と書かれている．

ここで，農林水産省による報告書における農産物試料の採取方法（http://www.maff.go.jp/cd/PDF/an2.pdf）について見てみることにする．

「（玄米は）全国の水田を対象として，水稲の作付面積50ha当たり1点の比率で試料が採取できるように採取地点を選定し，1997年と1998年の2年かけて試料採取を行い，全国で37250点の試料を採取した．玄米の試料採取は，収穫後，乾燥・調整した出荷用の米を保管している施設において，採取地区に居住する生産者の水田から収穫された米のみを含む米袋（30kg）の中から任意に1袋を選定して行った」

とある．この方法では，汚染された玄米も当然含まれることになる．事実，先述の農林水産省『農産物等に含まれるカドミウムの実態調査について－結果の概要－』（平成14年12月2日）によれば，玄米試料37250点中カドミウム値は0.2mg/kgADW以上が1241点，0.30mg/kgADW以上が295点，0.40mg/kgADW以上が94点，0.5mg/kgADW以上が39点あり，最大値は1.2mg/kgであった．

また，畑作物の場合には，

「各試料採取地点から15cmの深さまでの土壌を採取し，土壌中のカドミウム濃度を分析することにより，カドミウムの汚染地域で栽培されたものでないことを確認した」

とある．

ここで問題となるのは，土壌のカドミウム濃度からどのようにして非汚染土壌であることを確認したかということである．土壌には砂質のものから粘土質のものまであり，また有機物濃度が低いものから高いものまである．一般的に，同じ非汚染土壌でも，砂質よりも粘土質の土壌の方がカドミウム濃度が高く，有機物濃度が低い土壌より高い土壌の方がカドミウム濃度が高いことは周知の事実である．

水田の場合ではあるが，砂質土壌を主体とする神通川流域の水田土壌において，土壌中カドミウム濃度（0.1M塩酸浸出法）が1mg/kgDW以下の水田でも

1mg/kgADW以上のカドミウムを含む玄米が生産され得ることは広く知られている現象である（柳澤ら，1984）．したがって，土壌中カドミウム濃度だけから一律に汚染，非汚染を判断することは出来ないものと考えられる．そこで，どのような方法によって非汚染と判断したかを明らかにする必要がある．

さらに，畑作物では，作物分析数と土壌分析数とが著しく違っている．『カドミウムの国際基準への対応について（検討ペーパー）』(http://www.mhlw.go.jp/shingi/2003/12/dl/s1209-6e.pdf) の参考2の作物についてみると，小麦381：31，大豆462：288，ホウレンソウ329：41，レタス88：27，ハクサイ106：35，サトイモ217：23，ゴボウ123：6，ニンニク95：0，タマネギ103：7，ネギ112：50，ナス290：37，オクラ136：4，トマト130：48となっている．作物分析数に対する土壌分析数の比率は0～62.3％となっている．分析していない土壌分析値から非汚染土壌であることをどのようにして判断したのであろうか．いずれにせよ，畑作物については生産された場所とカドミウム濃度，土壌について採取した場所とカドミウム濃度を明らかにすべきである．

代替基準値案には「ALARAの原則をカドミウムの実態調査に適用して農林水産省が推定した」と書かれている．しかし，ここの作物についての代替基準値案推定の根拠については何の説明もなく，CCFAC原案では0.2mg/kgであった精米，小麦粒，大豆を，精米0.4，小麦粒0.3，大豆0.5mg/kgにしている．少なくとも，重要な作物である精米，小麦粒，大豆についてどのような根拠に基づいて代替基準値案を決めたかについて農林水産省は説明する義務と責任があろう．

今後，日本国内やCCFACなどの国際機関等で食品中カドミウムの最大レベル（最大基準値）についての検討が進むと考えられるが，「日本には火山灰土が多く，火山灰土はカドミウム濃度が高いので，作物中カドミウム濃度が高い」，「非汚染水田でも0.4mg/kgのカドミウム米が生産される」という錯誤を繰り返してはならない．

8.6 『日本政府意見』のその他の問題点
たった1回の会議で決めたこと

食品中カドミウムの最大基準値のような国民の健康に重大な影響を有する問題について，たった1回の会議で決定したことは誠に遺憾である．しかも，出席委員のうち推計学に造詣が深い委員がいたとは思われないのに，『中間解析報告書』

の説明を聞いただけで決定したようである．

　しかも，CCFAC の食品中最大基準値案に対する修正案であるとはいうものの，これを国内基準にする意思を日本政府は固めているようである．2003 年 12 月 9 日の食品規格部会当日配布された『〈食品に含まれるカドミウム〉に関する Q&A』の問 14 と 15 の答えとして，

> 「食品中に含まれるカドミウムの摂取の安全性確保について，現在，厚生労働省は食品安全委員会にリスク評価をお願いしています．このリスク評価の結果が出された後に，薬品・食品衛生審議会で議論を行い，出来るだけ速やかに国内基準を設定することにしています．
> 　国際基準が定められ，それが国内基準と異なる場合には，国際基準設定にいたる科学的な検討の経緯なども十分評価し，その理由を勘案しつつ，我が国において国内基準の見直しの必要性も含めて検討を行う予定です」

と述べている．ところで「国内基準の見直し」という文言があるが，コーデックス事務局に提出した日本政府案を「国内基準」にしようと考えていることは明らかであろう．

　「科学的な検討の経緯などを十分評価」するとのことであるが，まずは日本政府自身が「修正案」の「科学的」な検討の経緯を十分評価できるようにする必要があるのではないか．

玄米中カドミウム耐容基準値を 1.0 ppm への反省がない

　先に述べたように，日本政府は 1970 年に玄米中カドミウムの耐容基準値を 1.0 mg/kgADW に決めた．その決定方法の問題点については 7 章で指摘したとおりである．これについて何らの反省・弁明もなしに，今回精米中最大レベル（耐容基準値）を 0.4 mg/kgADW に決めたのは，国民の健康を守る責任と義務がある日本政府として不誠実な行為といえないだろうか．

9章 摂取耐容量・最大基準値
食品特にコメ中カドミウムを中心に

　コメの摂取耐容量（最大基準値，最大レベル）について，日本における疫学調査の結果とJECFA（FAO/WHO合同食品添加物専門家委員会）によるPTWI（暫定耐容週間摂取量）から考察する．また，1970年に日本政府が決めた1.0mg/kgADWについてもPTWIとの関係を考察する．

9.1 日本調査から求めたコメ中カドミウムの摂取耐容量

　一般の人々の主要なカドミウム曝露源は食品である．カドミウム曝露の耐容値は量－反応関係に基づいて設定される．日本では1日カドミウム摂取量の1/3～2/3（平均で約1/2）はコメに由来するので，日本では外部曝露量の指標としてコメ中カドミウムを用いている．また，内部曝露量の指標として尿中カドミウム濃度が用いられている．尿中カドミウム量は体内カドミウム量を反映することが人においても，動物実験でも報告されている．人体影響の指標としては，腎臓が標的臓器であることにより，特に近位尿細管機能を反映する低分子量蛋白質（β_2-ミクログロブリン，レチノール結合蛋白質，メタロチオネイン，α_1-ミクログロブリンなど）が用いられる．モデル式には回帰式やロジステック回帰式を使用している．日本ではカドミウムによる量－反応関係が観察され，多くの報告があるカドミウム汚染地域は石川県梯川流域および富山県神通川流域である．**表9.1**に梯川流域および神通川流域における量－反応関係に基づくコメの耐容値等を示した．

　最も早く，量－反応関係と耐容値の報告をしたのは河野（1976）である．河野は石川県梯川流域のカドミウム汚染地域において，集落別のコメ中カドミウム

表 9.1 尿中カドミウム濃度およびコメ中カドミウム濃度の耐容値

著者	モデル式	指標	耐容値		年令
梯川流域					
Hayano et al. (1996)	ロジスティック	尿中 β_2-ミクログロブリン	尿　中 Cd	男 1.6-3.0μg/gcr. 女 2.3-4.6μg/gcr.	50才以上
河野 (1976)	回帰式	尿中レチノール結合蛋白質	コメ中 Cd	男女 0.13-0.19ppm	50才以上
Nakashima et al. (1997)	回帰式	尿中 β_2-ミクログロブリン, メタロチオネイン, 尿中蛋白質, 糖, アミノ酸	コメ中 Cd	男 0.03-0.34ppm 女 0.00-0.26ppm	50才以上
Nogawa et al. (1989)	回帰式	尿中 β_2-ミクログロブリン	Cd 総摂取量	男 1.7g 女 1.7g	50才以上
Kido et al. (1993)	ロジスティック	尿中メタロチオネイン	Cd 総摂取量	男 2.0g 女 2.3g	50才以上
神通川流域					
Osawa et al. (2001)	回帰式	尿中蛋白質, 糖, 蛋白・糖同時陽性	コメ中 Cd (立毛)	男女 0.05-0.20ppm	50才以上 30年以上
Watanabe et al. (2000)	ロジスティック	尿中蛋白質, 糖, 蛋白・糖同時陽性	コメ中 Cd (立毛)	男 0.13ppm 女 0.17ppm	50才, 出生以来同一集落居住

濃度と尿中レチノール結合蛋白陽性率との間に有意な相関があり，両者の回帰直線より求められたコメ中カドミウムの耐容値は 0.13～0.19ppm（＝mg/kg）であると報告している．コメ中カドミウム濃度は 1974 年産米，尿所見は 1974～1975 年の 50 歳以上の全住民を対象にした検診成績を用いている．Nakashima ら (1997) によれば，男で 0.03～0.34ppm，女で 0.00～0.26ppm であった．また，カドミウム総摂取量に基づく耐容値では男女とも 1.7g（Nogawa ら, 1989），あるいは男 2.0g, 女 2.3g（Kido ら, 1993）であった．

神通川流域で尿中蛋白質と糖を指標として，同様にコメ中カドミウムの耐容値を求めた結果では男女で 0.05～0.20ppm であった（Osawa ら, 2001）．Watanabe ら (2002) によれば，男 0.13ppm，女 0.17ppm であった．

このように，日本における疫学調査から求められたコメ中カドミウムの耐容値は 0.1～0.2mg/kg 程度，または生涯を通じての摂取耐容量は 2g 程度であった．

一方，内部曝露指標を用いた場合，梯川流域のカドミウム汚染地で尿中 β_2-

ミクログロブリンとの間に量-反応関係が存在し，求められた耐容値は男1.6〜3.0 μg/g クレアチニン (cr.)，女2.3〜4.6μg/gcr. であり，これは非汚染地域住民の尿中カドミウム濃度の平均値とほぼ同じ値であった (Hayano ら，1996)．このようにコメ中カドミウム濃度，尿中カドミウム濃度の耐容値は非汚染地域におけるコメ中・尿中カドミウム濃度との間には差が認められず，カドミウム非汚染地域に居住する住民にもカドミウムによる影響の存在が推察される．

事実，非汚染地域住民においても，尿中カドミウム濃度と尿中低分子量蛋白質排泄量との間には，年齢とは独立に両者間に量-反応関係，量-影響関係の存在することが報告されている．(Yamanaka ら，1998; Oo ら，2000; Suwazono ら，2000)．

一方，スウェーデンからの報告では，1日カドミウム摂取の耐容値は，体重70kg の人で30μg とされている (Järup ら，1998)．この値は 0.43μg/kg 体重/日に相当し，日本人の場合に当てはめるとすれば，体重50kg を平均体重としているので 22μg/日が耐容値ということになる．このように日本においても外国においてもカドミウムの耐容値は極めて低いことが報告されており，耐容値の設定は緊急の課題である．

9.2 イタイイタイ病発生時点までのカドミウム曝露量の推定

最近能川 (2004) は神通川流域におけるイタイイタイ病発生とカドミウム曝露量についてまとめている．その要旨は次のとおりである．

「本研究はイタイイタイ病 (イ病) が環境中カドミウム (Cd) 暴露によって発生したことを証明するために，環境中 Cd 暴露量とイ病の発生率との間に量-反応関係を見出すこと，それに基づきイ病発生に必要な Cd 暴露量を算出することを目的としている．

平成13年度は部落平均立毛中 Cd 濃度と 1967, 1968 年の検診成績からその部落の尿有所見率 (尿蛋白，尿糖および尿蛋白・尿糖同時陽性率) を算出し，両者間の関連性を検討した．解析対象者を ① 出生以来現住部落に居住している住民，② 現住部落に通算30年以上居住し，さらに年齢が50歳以上の住民としたとき，① の尿糖 (男，女) 以外は全て，立毛中 Cd 濃度と尿有所見率の間に有意の相関係数が得られた．算出された回帰式に対照地域である非神通川水系における尿有所見率を代入し，米中 Cd 濃度の許容値を算出した結果，対象者 ① の男で 0.12ppm，女で 0.10ppm，対象者②の男で 0.09ppm，女で 0.11ppm であった．

平成14年度は尿有所見率と農家保有米あるいは立毛中Cd濃度を用いて算出した総Cd摂取量との関連を検討し、両者間に量—反応関係が成立することを明らかにした。また、立毛中Cd濃度から算出した総Cd摂取量の許容値は、尿蛋白・尿糖同時陽性率でみると、男で1.11～1.58g、女で0.71～1.29gであった。さらに、部落別に算出した米中Cd濃度、尿有所見率、イ病および／あるいは要観察患者の発生率の3者間に量—反応関係の成立が立証された。

平成15年度はイ病発症時、重症時、死亡時のCd曝露量の検討、および、イ病患者臓器中Cd濃度とCd曝露量との関連性の検討を行った。1976年、1978年に金沢医科大学病院と富山県立中央病院で入院検査を受けた際の問診で、イ病患者本人が足腰の痛み等を感じ始めたと回答した"発症時"の平均年齢は48.9歳、平均総Cd摂取量は、1970年以降もCd汚染米を摂取していたと仮定した場合も、1970年以降は非汚染米を摂取していたと仮定した場合も、2.7gと算出された。本人が歩行困難、骨折等があり、今までに最も重症だと感じたと回答した"重症時"の平均年齢は58.4歳、総Cd摂取量は3.4g、3.3gと算出された。さらに、死亡時の平均年齢は78.9歳、総Cd摂取量は4.8g、4.1gと算出された。発症時、重症時、死亡時の総Cd摂取量別相対累積人数分布はS字状曲線を描き、プロビット回帰分析でその直線性が立証され、発症時、重症時、死亡時の総Cd摂取量とイ病患者数（全イ病患者中での人数割合）との間に量—反応関係が成立することが明らかになった。イ病患者の半数が発症時および重症時と認識している時点での総Cd摂取量は、それぞれ3.1gと3.8gと算出された。また、患者の5％が発症時および重症時と認識している時点での総Cd摂取量は、それぞれ2.6g、3.3gと算出された。

発症時、重症時LCD量（著者注：生涯カドミウム摂取量）における各臓器中Cd濃度を見積もることを試みたが、イ病患者および要観察者の臓器中Cd濃度は、LCD量には関係なく飽和状態に達しており、推算することが出来なかった。」

9.3 PTWIから計算したコメ中カドミウムの摂取耐容量

このような計算をする場合、日本人の平均体重を50kgとするのが普通である。7μg/kg体重/週は、50kgの人では50μg/日に相当する。コメからのカドミウム摂取率は平均で約50％であるので、コメから25μg/日になる。このカドミウムが最近における日本人の平均米摂取量160gに含まれているので、コメ中濃度は25μg÷160g=0.16μg/g（=mg/kg）となる。また、摂取量には個人差がある。Sherlock and Walters（1983）によれば、ある食品について、10％の人は平均の2倍、2.5％の人は平均の3倍食べるというデータがある。2倍食べる人では25÷

320=0.08mg/kg, 3倍食べる人では 25÷480=0.05mg/kg となる.

したがって，これらの値は 2003 年までの CCFAC（コーデックス食品添加物汚染物質部会）におけるコメ中最大基準値 0.2mg/kg よりかなり低い値となっており，まして 2004 年の『日本政府意見』の 0.4mg/kg よりはるかに低い値である．

なお，JECFA（1989）において PTWI は次のようにして決められていた．

「…腎皮質の限界濃度決定を目的とした研究では，PCC10（著者注：人間集団の 10％が個体臨界濃度に達する腎皮質中のカドミウム濃度）に対して約 200mg/kg という評価が得られた．…食品中カドミウムの吸収率を 5％，また 1 日排泄率を全負荷量の 0.005％と仮定して，当委員会（JECFA）は，カドミウムレベルが腎皮質中 50mg/kg を超えないためには，全摂取量は 50 年間連続的に約 1µg/kg 体重/日を超えるべきではないと結論した．したがって，カドミウムの PTWI は 7µg/kg 体重/週と定められた」

ところでその後，腎皮質中カドミウムの臨界濃度は 50mg/kg であるとの報告（Järup ら, 1998）が出され，2000 年開催の JECFA 報告書には，腎皮質中カドミウムの臨界濃度は 50〜200mg/kg とされていた．したがって，今後 PTWI が低められる可能性がある．

9.4 玄米中カドミウム濃度 1.0mg/kgADW と PTWI

1970 年に日本政府は玄米中カドミウムの最大基準値を 1.0mg/kgADW にしたが，これの持つ意味について PTWI との関係で考察することにする．

微量重金属調査研究会報告ではコメを 500g 摂取し，そのコメにカドミウムが 500µg 含まれている．その他の食品から 150µg，水から 15µg，合計 665µg のカドミウムを摂取したと仮定している．体重 50kg とすれば，93.1µg/kg 体重/週となり，PTWI の 13.3 倍になってしまう．この 1.0mg/kgADW には 100 倍の安全率を掛けていると日本政府は主張していたのであるから，PTWI の 1330 倍のカドミウムを摂取しても安全だと主張していたわけである．

1.0mg/kgADW では現在のコメ摂取量 160g/日で計算しても，コメからのカドミウム摂取量は 160µg/日であり，平均体重を 50kg，コメからのカドミウム摂取量を全摂取量の 50％と仮定すると 44.8µg/kg 体重/週となり，平均値でも PTWI の 6.4 倍になってしまう．

『日本政府意見』にある 0.4mg/kgADW では $\{(0.4 \times 160) \div 50\} \times 2 \times 7 = 17.9$µg/kg

体重/週となり平均値でも PTWI の 2.56 倍になる．まして，日本政府の主張する 95％値でははるかに高い値になるであろう．

9.5 タバコ中に含まれるカドミウム

食品中カドミウム濃度の最大基準値を考える場合，タバコに含まれているカドミウムの影響を考慮する必要があると考えられている．タバコは，タバコを喫煙する人にはもちろん，その周辺にいる人にも多くの影響を与えると考えられている．

Watanabe ら (1987) は世界 20 ヵ国, 331 種類のタバコ 1 本あたりにカドミウムが算術平均で 1.15μg, 幾何平均で 1.06μg 含まれており, 範囲は 0.21～2.79μg であったと報告している．日本製タバコ 60 種類には算術平均で 1.25μg, 幾何平均で 1.23μg 含まれており, 範囲は 0.64～1.74μg であった．IPCS (国際化学物質安全性計画) (1992) は「多量喫煙による吸収が食品からのカドミウム吸収に匹敵するであろう」と述べている．また，Sugita ら (2001) は日本で吸われている日本製タバコおよび輸入タバコ中カドミウム濃度を，1 本あたり 1.33μg, 喫煙者による 1 日当たりの喫煙量を 26.6 本と算定し，また，カドミウムの 10％が主流煙として吸入され，そのうち 25～50％が吸収されると仮定すると，日本人の喫煙者のタバコからのカドミウム吸収量は 0.88～1.77μg/日となると述べている．この値は，食品由来の体内取り込み量 1.5μg/日（カドミウム摂取量 30μg/日，腸管吸収率 5％と仮定して）の 59～118％に相当する．したがって，カドミウム非汚染地においては，喫煙が主要曝露源のひとつになることは明らかである．

以上は主流煙の問題であるが，周囲の人々にも影響のある副流煙にもかなりのカドミウムが含まれていると考えられる．国民栄養調査 (1996) によれば，20 歳以上の男性の約 50％，女性の約 10％が喫煙しており，それらの人の周辺にはほぼその数に匹敵するかそれ以上の非喫煙者がいると考えられるので，タバコは個人の嗜好品と言う向きもあるが，タバコの影響を受けていない人は少ないのではないかと考えられる．このように，食品以外からの曝露，特に，非汚染地域において食品中カドミウムの吸収量に匹敵する吸収量を示す喫煙および副流煙によるカドミウム曝露を無視することはできないと考える．

10章 汚染源および生産量と消費量

10.1 カドミウムの汚染源

カドミウムは次の4つの過程を通じて環境に排出される．① カドミウムが鉱石から抽出される過程　② 製錬後，カドミウムが各種工場において製品に加工される過程　③ カドミウムを含む各種製品が利用される過程　④ 利用を終えたカドミウム含有製品が廃棄される過程の4過程である．

亜鉛鉱山・製錬所

個々の鉱山・製錬所によるカドミウム汚染についてはすでに述べた．農用地土壌汚染対策地域に指定されている地域のほとんどの汚染源は非鉄金属鉱山・製錬所である．

カドミウムは主として閃亜鉛鉱に含まれ，亜鉛製錬の副産物として産出する．したがって，亜鉛鉱山での採掘，選鉱，製錬の過程で排水・排煙とともに環境に放出される．また，製錬滓の堆積場からも雨水と共に排出される．現在では，排水・排煙に含まれる亜鉛やカドミウムは一応除去されることになってはいるが，除去されなかったものが環境を汚染しているわけである．

カドミウムは主として閃亜鉛鉱に含まれていると述べたが，閃亜鉛鉱は鉛鉱石や銅鉱石と共存している場合が多いので，鉛や銅の鉱山・製錬所からもカドミウムの放出がよく見られる．以前，茨城県七会村高取鉱山による水田土壌と産米のカドミウム汚染が問題になったときのことである．この鉱山は，1591年に明の禅僧誹寛が錫鉱を発見し，採掘したのがはじまりと伝えられているが，1908年タングステン鉱が発見され，高取鉱山と改名し，タングステン鉱の採鉱を開始し，

1953年には銅の浮遊選鉱も始められた（石川ほか，1974）．

このように，亜鉛鉱山・製錬所からのカドミウムの排出は必ずあるが，その他の鉱山・製錬所からの排出についても留意する必要がある．しかも，以前はカドミウムの生産をしていなかったので，これらの鉱山からは，カドミウムは全部排水・排煙および廃滓として放出されていたものと考えられる．

カドミウムを含む製品を製造する工場

1970年11月に通商産業省から『カドミウム使用工場の排水調査の報告』と『参考資料』が出されている（通商産業省公害保安局，1970 a, b）．この参考資料には，工場名，所在地（区，市，郡），資本金，従業員数，業種，（カドミウム）の使用形態，放流先，カドミウムの使用量，排水量，排水中のカドミウム濃度，採水年月日，処理施設，備考が書かれている．このような詳しい全国規模の調査はその後報告されていないようである．1970年のいわゆる公害国会（第64回臨時国会）の頃，カドミウム使用工場からどれくらいカドミウムが排出されていたかを知っていただくために，報告書の内容を紹介する（浅見，2002b）．

調査はカドミウムを扱う全国332工場（鉱山，製錬所を除く）のうち，調査開始時点ですでにカドミウムの使用を廃止していると申し出のあった80工場を除く252工場を対象に1970年7～10月の間に実施した．業種別工場数は，機械48，電気メッキ118，化学31，電気機器48，金属製品7であった．カドミウムの業種別使用量は1969年度実績で，機械25t，電気メッキ80t，化学900t，電気機器260t，金属製品5tであり，合計1270tであった．各工場について1回だけの立入調査で採水した．たまたま当日カドミウムを使用していなかった工場が39，採水当時すでにカドミウム使用を廃止していた工場が11あった．なお，1日の立入調査当日に採水を何回したか，複数の排水口を持つ工場の採水をどのように行ったかは不明である．

分析結果によれば，工場の排水基準である0.1mg/L（=ppm）を超えていたのは，業種別では電気メッキ67%，化学58%，電気機器40%，機械29%，金属製品57%，全体56%であった．また，工場の規模別では大規模工場（従業員301人以上）38%，中規模工場（従業員300～21人）62%，小規模工場（従業員20人以下）66%であった（通商産業省公害保安局，1970a）．そこで，『参考資料』によって，分析結果をより詳しく検討した．

10章 汚染源および生産量と消費量

表 10.1 工場規模別排水中カドミウム濃度（ppm）

濃度	10.0ppm 以上			9.99 〜 5.00ppm			4.99 〜 1.00ppm		
濃度別工場数	21			6			40		
同上比率（%）	8.3			2.4			15.9		
工場規模	大	中	小	大	中	小	大	中	小
規模別工場数	2	9	10	1	3	2	3	19	18
同上比率（%）	2.5	9.5	12.8	1.3	3.2	2.6	3.8	20.0	23.0

	0.99 〜 0.10ppm			0.1ppm 以下			全 体		
	79			106			252		
	31.3			42.1			100		
	大	中	小	大	中	小	大	中	小
	26	27	26	47	37	22	79	95	78
	32.9	28.4	33.3	59.5	38.9	28.2	100	100	100

工場規模（大：301人以上，中：300〜21人，小：20人以下）

通商産業省公害保安局（1970 b）より作成

表 10.2 排水中カドミウム濃度ワースト 10

No.	工場名	所在地	業 種	Cd 使用量 (kg/年)	排水量 (m³/日)	Cd 濃度 (ppm)	Cd 排出量 (g/日)
1	王友電化本社工場	東京都	電気メッキ	1360	30	92.0	2760
2	常陸発条	茨城県	輸送機械	720	23	49.0	1127
3	中村鍍金工業	東京都	電気メッキ	900	240	49.0	11760
4	荻原鍍金工業	東京都	電気メッキ	960	20	49.0	980
5	富士機工鍍金	大阪府	電気メッキ	3000	163	28.7	4678
6	厚木工業	東京都	電気メッキ	905	40	22.6	904
7	安藤鍍金工業所	東京都	電気メッキ	1200	160	22.0	3520
8	日光工業	東京都	電気メッキ	80	13	21.7	282
9	森理化学研究所	神奈川県	光学機器	400	60	21.5	1290
10	高畠発条	茨城県	輸送機械	360	21	21.1	443

規模別工場 No.：大 9 中 2, 3, 5, 7, 10 小 1, 4, 6, 8

通商産業省公害保安局（1970 b）より作成

工場規模別排水中カドミウム濃度について表 10.1，表 10.2 に示した．表 10.1 に示したように，規模別工場数では排水中カドミウム濃度 0.1mg/L 以上が大規模工場，中規模工場，小規模工場でそれぞれ 40.5%，61.1%，71.8% あり，大規模工場でも 10mg/L 以上が 2 工場（2.5%）あった．表 10.2 には排水中カドミウム

濃度のワースト 10 を示した．排出量はカドミウム濃度に排水量を掛けて求めた．最大濃度は 92.0mg/L で，基準値 (0.1mg/L) の 920 倍であった．規模別では大規模工場 1，中規模工場 5，小規模工場 4 であり，使用形態は No.4 のみが光学機器の材料であり，それ以外はすべてメッキ剤であった．光学機器の材料とはおそらくレンズの屈折率を増すためにカドミウムを添加したものであろう．処理施設のない工場もあり，また処理施設の沈殿物をどのように処理したのだろうか．

工場規模別カドミウム排出量について表 10.3，表 10.4 に示した．表 10.3 に示したように，全体の 46.8％ が 1 日 51g 以上のカドミウムを排出していた．1001g/日以上排出している工場も 25 工場 (9.9％) あった．排出量は大規模工場が最も多かった．表 10.4 にはカドミウム排出量ワースト 10 を示した．排出量の最大値は 14000g/日であり，6 番目まで 10000g/日を超えていた．規模別では大規模工場 3，中規模工場 7，小規模工場 0 であった．業種では化学 4，電気メッキ 4，電気機器 2 であり，使用形態は化学が原料，その他はメッキであった．この場合にも処理施設のない工場が 4 工場もあり，廃水は河川や下水道に放流されていた．7 番のアルプス電気では，カドミウム年間使用量が 8kg/年で，排出量が 9.126kg/日であるので，1 年間の使用量以上を 1 日で排出していたことになってしまう．報告書にミスプリントがないとすれば，おそらくカドミウム使用量を低く申告したものであろう．

表 10.3 工場規模別カドミウム排出量 (g/日)

排出量	1001g/日以上			1000〜501g/日			500〜201g/日		
排出量別工場数	25			11			25		
同上比率 (％)	9.9			4.4			9.9		
工場規模	大	中	小	大	中	小	大	中	小
規模別工場数	10	12	3	5	2	4	11	8	6
同上比率 (％)	12.7	12.6	3.8	6.3	2.1	5.1	13.9	8.4	7.7
	200〜51g/日			50g/日以下			全体		
	57			134			252		
	22.6			53.2			100		
	大	中	小	大	中	小	大	中	小
	25	21	11	28	52	54	79	95	78
	31.6	22.1	14.1	35.4	54.7	69.2	99.9	99.9	99.9

工場規模 (大：301人以上，中：300〜21人，小：20人以下)

通商産業省公害保安局 (1970 b) より作成

表 10.4 カドミウム排出量ワースト 10

No.	工場名	所在地	業　種	Cd 使用量 (kg/年)	排水量 (m³/日)	Cd 濃度 (ppm)	Cd 排出量 (g/日)
1	日本化学産業埼玉工場	埼玉県	化　学	70000	1400	10.1	14000
2	日本航空電子工業昭島製作所	東京都	電気機器	2150	1500	8.4	12600
3	浮間合成赤羽工場	東京都	化　学	67000	950	12.9	12255
4	中村鍍金工業	東京都	電気メッキ	900	240	49.0	11760
4	大洋工業所	大阪府	電気メッキ	9226	700	16.8	11760
6	倉毛エレクト	大阪府	化　学	71	2500	4.28	10700
7	アルプス電気横浜工場	神奈川県	電気機器	8	780	11.7	9126
8	菊地色素	東京都	化　学	20146	1000	7.4	7400
9	富士機工鍍金	大阪府	電気メッキ	3000	163	28.7	4678
10	安藤鍍金工業所	東京都	電気メッキ	1200	160	22.0	3620

通商産業省公害保安局（1970 b）より作成

なお，当日カドミウムを使用していなかった 39 工場中 19 工場（48.7％）の排水中カドミウム濃度は 0.1mg/L 以上であり，すでにカドミウム使用を中止していた 11 工場中 5 工場（45.5％）の排水中カドミウム濃度が 0.1mg/L を超えていた．

排水基準には上乗せ基準を作ることが認められており，例えば茨城県や千葉県における排水基準は 0.01mg/L とされている．また，カドミウムの環境基準は 0.01mg/L であるが，この濃度のカドミウムを含む水で潅漑された水田はカドミウムが集積し，やがて 1.0mg/kg 以上のカドミウム汚染米が生産される可能性があるとの警告がある（伊藤・飯村，1974）ことは，すでに述べた．

その後，2001 年 4 月に『特定化学物質の環境への排出量の把握及び管理の改善に関する法律（化学物質管理把握促進法と略称）』という法律が施行され，「環境汚染物質排出移動登録」が制度化された．英語の Pollutant Release and Transfer Register の頭文字をとって，PRTR 制度といわれている．日本の PRTR 制度は，事業者からの届出データの集計と国による届出対象外の推計からなっている．したがって，データの精度はあまり高くはないようである．

NPO 有害化学物質削減ネットワーク（T ウオッチ）のウェブサイト http://www.toxwatch.net で，各事業者がどのような届出を行ったかを検索することがで

きる (中地, 2005).

カドミウム含有製品の使用と廃棄

　カドミウム含有製品はその使用の過程で摩耗等によってカドミウムが環境に放出される可能性がある．それは空中で浮遊した後地上に落下し，主として都市土壌の表面に堆積し，一部は道路脇粉塵となる．カドミウムを取り扱う工場周辺の道路脇粉塵には，それら工場から排出されたカドミウムが混入していることは言うまでもない．

　東京都区部(n=60)，大阪市(n=58)，京都市(n=43)の道路脇粉塵の平均カドミウム濃度は，それぞれ 2.52 (0.88～72.8)，3.26 (1.21～19.9)，1.13 (0.45～3.27) mg/kgDW であった．ただし，東京都の平均値は，異常に高い値である 72.8mg/kgDW を除いて計算してある．東京都における2番目に高い値は 14.3mg/kgDW であった．道路脇粉塵の大部分は土壌物質からなっていると考えられるが，土壌の自然界値が 0.30mg/kgDW 程度であるので，道路脇粉塵にはかなり汚染カドミウムが混入していると考えられる（浅見, 2001）．

　また，カドミウム含有製品はやがて廃棄されるが，都市ゴミ焼却場からの排出カドミウムによる土壌や産米の汚染についての報告がある．松本ら(1976)は千葉県の焼却場周辺水田の作土と産米中カドミウム濃度の調査を実施したところ，玄米では松戸市，市川市，野田市および成田市で 1.0mg/kgADW 以上，流山市および我孫子市で 0.4mg/kgADW 以上が検出され，また，土壌でも市川市および成田市で 5mg/kgDW 以上のカドミウムが検出された．浅見(1987)によれば茨城県守谷町にある焼却場の煙突から排出されたカドミウムによって，1.0mg/kgADW 以上のカドミウムを含む玄米が生産された．最近ダイオキシンの発生を抑えるために焼却温度を高くする必要があると言われているが，そのためにカドミウムの排出量が増加する恐れがある．ちなみに金属カドミウムの沸点は 767℃である．

　また，産業廃棄物の埋立地からカドミウム等有害物質の漏出も気になるところである．

10.2 世界の生産量および消費量

　カドミウムの生産量および消費量が多ければ，一般にカドミウムによる環境汚染が激しくなり，人の健康に対する悪影響も大きくなると考えられる．そこで，

10章　汚染源および生産量と消費量

世界の主要カドミウム生産国と消費国について，その生産量と消費量の推移を見ることにする．

生産量

日本，米国，ベルギー，中国，韓国における1977年からのカドミウム生産量の推移を図10.1に示した．日本国内におけるカドミウムの生産量は公害国会が開催された1970年には2546tであり，その後もほぼこの水準で推移し，1977年には2844t，2003年には2496t（全世界生産量の14.8%で世界第一位）であった．米国およびベルギーのカドミウム生産量は最近急激に低下し，ベルギーの生産量は2003年には0tとなっていた．これに反して，中国の生産量は，1980年頃から順調に，1992年頃から急激に増加し，2001年には日本を抜いて生産量が世界第一位となったが2003年には2441t（全世界生産量の14.5%で第二位）である．また，韓国の生産量も1998年頃から急激に増加し，2003年には2175t（全世界生産量の12.9%で第三位）となっている．これら3ヵ国における生産量は全世界生産量の実に42.2%を占め，中国および韓国における生産量の急増が注目される．また，インド，カザフスタン，北朝鮮を含むアジア6ヵ国の2003年における生

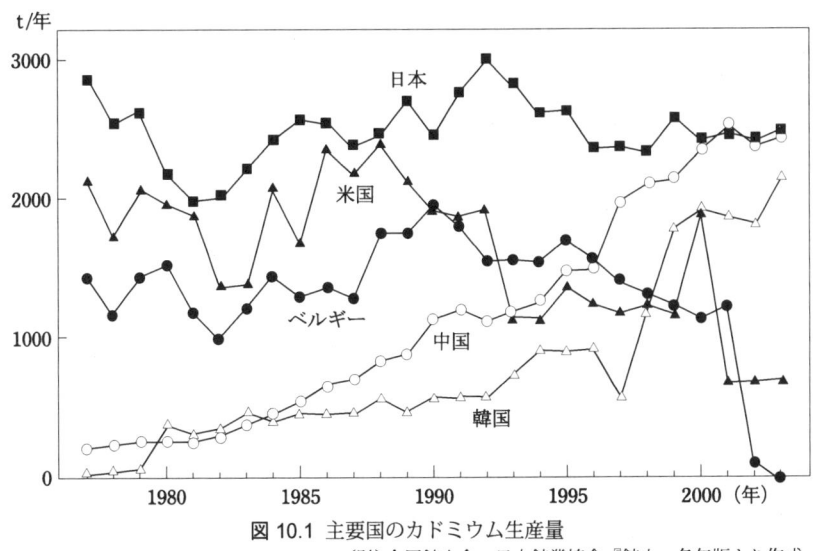

図10.1 主要国のカドミウム生産量
(財)金属鉱山会・日本鉱業協会『鉱山』各年版より作成

産量は 8588t（全世界生産量の 50.9％）であり，ヨーロッパ 2982t（17.6％），南北アメリカ 4619t（27.4％）よりはるかに多い．アジア（前年比 9.5％増），南北アメリカ（9.3％増），豪州（683t で，30.5％増）では増加したが，ヨーロッパ（17.6％減）で減少した理由は 2005 年に予定されているカドミウム規制が原因である（金属鉱山会・日本鉱業協会，2004）．明らかに西低東高が認められる．

ところが，2004 年のカドミウム生産量は，第 1 位韓国（3236t），第 2 位中国（2441t），第 3 位日本（2222t）と順位が変わっている．またベルギーは 0t，米国は 600t と 2003 年とほとんど同量である（金属鉱山会・日本鉱学協会，2005）．

消費量

日本，米国，ベルギー，中国，韓国における 1977 年からのカドミウム年間消費量を図 10.2 に示した．ただし，中国と韓国については 1997 年からの消費量を示した．日本の消費量が 1988 年に急激に増加しているのは，この年から通関統計が発表されたために，それ以前は国内産カドミウムのみであったものが，国内産と輸入量の合計になったためである．日本の消費量は 2000 年までは圧倒的に第一位であった．しかし，中国のカドミウム消費量は 1997, 1998 年は 600t/年

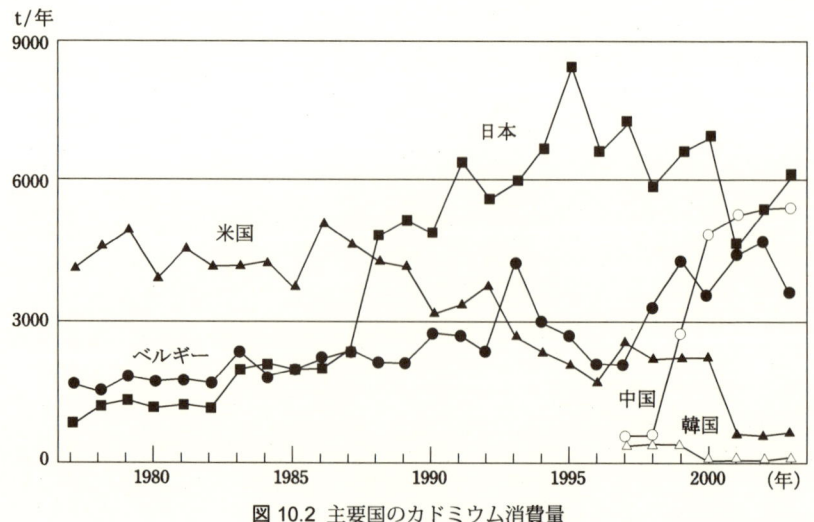

図 10.2 主要国のカドミウム消費量
（財）金属鉱山会・日本鉱業協会『鉱山』各年版より作成

であったが,1999年から消費量が急増し,2002年には日本における消費量が少ないこともあって世界第一位になった.2003年でも中国の消費量はベルギーを抜いて世界第二位となっている.これは,最近における中国の著しい経済発展の結果であろうが,カドミウムなど有害金属による環境汚染も著しいものがあることを推察させる.米国のカドミウム消費量は1980年半ばまでは消費量世界第一位であったが,その後減少して最近では600 t/tとなり,他の3国に比べてかなり少なくなっている.韓国の生産量は特に近年非常に多くなったが,消費量はまだ少なく,生産したカドミウムは日本などへの輸出されている(金属鉱山会・日本鉱業協会,2004).

ところが,2004年の消費量は,第1位中国(5407 t),第2位日本(4816 t),第3位ベルギー(4734 t)となっており,ベルギーの増加と日本の減少が著しい.また,米国500 t,韓国100 tと2003年とほとんど同量である(金属鉱山会・日本鉱業協会,2005).

日本国内産カドミウムの用途別出荷量は,いわゆる公害国会が開かれた1970年度では,塩ビ安定剤341 t,顔料444 t,メッキ135 t,合金169 t,電池176 t,その他220 t,合計1485 tであり,輸出も879 tあった(浅見,2001).その後,公害問題に対する国民の関心の高まりの中で,塩ビ安定剤,顔料およびメッキの需要は徐々に減り,電池が著しく増加している.2003年度では塩ビ安定剤0 t,顔料2 t,メッキ3 t,合金27 t,電池2211 t,その他135 t,合計2851 tとなっている(金属鉱山会・日本鉱業協会,2004).2003年度の用途別出荷量は,国内産カドミウムの国内出荷量であり,さらに,輸入もあって日本の消費量は6062 t(全世界消費量の31.3%)にもなっている.2003年における日本の輸入量は韓国からが1220 tで第一位である.その他ではロシア(785 t),カナダ(520 t),ドイツ(313 t),ペルー(306 t),メキシコ(267 t),オランダ(214 t)などからの輸入量が多かった(金属鉱山会・日本鉱業協会,2004).

資料1　土壌汚染対策法について

　1970年に土壌汚染防止法（『農用地の土壌の汚染防止等に関する法律（昭和45年法律第139号）』）が制定され，水田土壌のカドミウム，銅，ヒ素による汚染防止についての法整備が一応出来た．しかし，水田についてもその他の物質による汚染は野放しのままである．畑については，陸稲を栽培した場合に限って土壌汚染防止法の適用は可能であるが，安中地域の小面積の畑が農用地土壌汚染対策地域の指定を受けているだけであり，畑についての汚染対策はない．さらに，森林，原野，都市土壌の汚染防止の法律はなかった．

　ところで，2002年に『土壌汚染対策法（平成14年法律第53号）』が公布され，2003年2月15日に施行された．この法律は主として，工場跡地が工場以外の目的，すなわち住宅，商店，公園等に転用される場合に限って発動されるものであって，甚だ限定的なものとなっている．しかも，法律の名称自体が示すように，汚染を防止するものではなくて汚染された土壌の対策法という性格のものである．

　小林(2001)によれば，土壌汚染地はドイツに約30万4千ヵ所，米国に約50万ヵ所，オランダに約20万ヵ所あると推定されている．また，日本では土壌環境センターによる調査によれば，調査が必要な事業所数が92万8千ヵ所あり，そのうち少なくとも10万ヵ所が汚染地であると推定しているという．日本は重金属等の生産量，消費量が諸外国に比べて格段に多い（浅見，2001）．したがって，諸外国の汚染地数からみて，90万〜10万ヵ所の汚染地があると考えられる．

　土壌汚染対策法の問題点については，すでに簡単に指摘しておいた（浅見，2004）．本書はカドミウムによる農用地の汚染と人間健康に関する問題を主眼にしているので，ごく簡単にその特徴と問題点を述べることに止めたい．

土壌汚染対策法の特徴

　土壌汚染対策法の特徴・問題点を木下（2003）の解説によって見てみることにする.

　法規制の目的または保護対象は，日本では「国民の健康保護」に限定しているが，英国（1995年環境保護法パートIIA（2000年施行））では「生物の健全性，生態系，人の財産」，ドイツ（1998年土壌保全法）では「恒久的に土壌の機能を保全または回復すること」，オランダ（1986年土壌保全法（1994年全面改正））では「人，植物または動物にとって土壌が有する機能的な特性」，韓国（1995年土壌環境保全法）では「国民が健康で快適な生活を享受することができるようにする」，台湾（2000年土壌・地下水汚染対策法）では「生活環境の改善，国民の健康の増進」となっている．諸外国の法の目的の方が，日本の法の目的よりも広いことが分かる.

　ここに述べたことから明らかなように，土壌汚染対策法は，ヒト以外の動植物の保護は考慮されない．生活環境の保全（油類）は規制対象とならない．健康保護に必要な限度で対策が義務付けられるから，ヒトが汚染物質にさらされないようにすれば，土壌を浄化する必要がない，という特徴・問題点を有する.

　また，規制対象地は，工場跡地を工場以外の目的に使う場合だけが規制の対象になって調査義務が生じる．調査義務が生じなければ，汚染地であっても規制対象にならない.

　規制対象物質は，日本では政令で定められた25物質（表1）による汚染だけが対象であり，いくらひどい汚染であっても，この25物質以外の汚染は土壌汚染対策法の規制対象にならない．余談になるが土壌汚染防止法でも，カドミウム，銅，ヒ素以外はいくら高濃度に汚染されていても規制の対象にならない．米国，英国，ドイツ，オランダでは，規制対象物質を限定列挙する方法はとられていず，基準値が定められていない物質であっても，規制対象になりうる.

　調査義務は，日本では所有者に課すのに対し，諸外国では基本的には行政が調査する.

　対策の実施主体は，日本では所有者・汚染原因者であるが，米国，英国，オランダでは行政が対策を実施する方法を併用している.

　日本では土地取得時に汚染の事実を知ることが出来なかった場合でも，土地所有者が第一次的な義務を負う．汚染原因者が明らかな場合に限って，例外的に汚

表1 土壌汚染対策法における特定有害物質および指定区域の基準値

項　　目	溶出量基準	含有量基準
カドミウム	0.01mg/l 以下	150mg/kg 以下
全シアン	検出されないこと	（遊離シアン）50mg/kg 以下
有機燐	検出されないこと	
鉛	0.01mg/l 以下	150mg/kg 以下
六価クロム	0.05mg/l 以下	250mg/kg 以下
砒素	0.01mg/l 以下	150mg/kg 以下
総水銀	0.0005mg/l 以下	15mg/kg 以下
アルキル水銀	検出されないこと	
PCB	検出されないこと	
ジクロロメタン	0.02mg/l 以下	
四塩化炭素	0.002mg/l 以下	
1,2-ジクロロエタン	0.004mg/l 以下	
1,1-ジクロロエチレン	0.02mg/l 以下	
シス-1,2-ジクロロエチレン	0.04mg/l 以下	
1,1,1-トリクロロエタン	1mg/l 以下	
1,1,2-トリクロロエタン	0.006mg/l 以下	
トリクロロエチレン	0.03mg/l 以下	
テトラクロロエチレン	0.01mg/l 以下	
1,3-ジクロロプロペン	0.002mg/l 以下	
チウラム	0.006mg/l 以下	
シマジン	0.003mg/l 以下	
チオベンカルブ	0.02mg/l 以下	
ベンゼン	0.01mg/l 以下	
セレン	0.01mg/l 以下	150mg/kg 以下
ふっ素	0.8mg/l 以下	4000mg/kg 以下
ほう素	1mg/l 以下	4000mg/kg 以下

染原因者が義務を負う．これは諸外国とはかなり違う点である．
　以上が木下（2003）による「土壌汚染対策法」問題点の概略である．

土壌汚染対策法における基準値と問題点

　表1に土壌汚染対策法における「特定有害物質及び指定区域の基準値」を示した．特定有害物質の数は，『土壌汚染対策法施行令（平成14年11月13日，政令第

資料1 土壌汚染対策法について

336号)』によって，25種類とされており，それらの指定基準は『土壌汚染対策法施行規則（平成14年12月26日，環境省令第29号）』で決められている．それには溶出基準と含有量基準とがある．含有量基準はカドミウム，鉛，6価クロム，ヒ素，総水銀，セレンなど9種類について決められている．溶出量基準は水抽出法，含有量基準は主として1M塩酸抽出法によっている．水抽出法以外に，汚染物質の全量を明らかにすべきであるが，そのような分析法は日本では採用されていない．

溶出基準については，カドミウムが環境基準と同じ0.01mg/L以下であるが，カドミウムのように陽イオンは土壌に吸着されて水ではなかなか溶出されない．時々，新聞等で工場跡地などのヒ素やセレン汚染が問題になるが，これら両元素は一般に陰イオンとして存在しており，土壌に吸着され難いので水で溶出されるのである．

次に1M塩酸抽出法による含有量基準について，本書の主題であるカドミウムについて述べる．土壌の含有量リスク評価委員会(2001)によれば，含有量基準は土壌の摂食だけを考慮している．1日当たりの土壌摂食量は100mgとされている．この値は，土壌中ダイオキシン類の基準値を決めた際に用いた値と同じである．土壌中のダイオキシン類に関する検討会(1999)は「表4.1 土壌の摂食量に関する文献報告」があり，子どもについて18報，大人について3報，異食症児について2報の論文の数字があげられている．子どもについての報告が多いのは，土壌摂食の主な対象者は子どもであると考えているからであろう．土壌の摂食量は，子どもでは最高値7703mg/日であり，算術平均，中央値，幾何平均，95％値のそれぞれの最高値は246, 88, 174, 1751mg/日であった．異食症児では最高41000mg/日という数字があった．また，大人では2つの報告における算術平均，中央値の各最高値が1288, 1192mg/日であり，最高値，幾何平均，95％値は書かれていない．これらの値からカドミウムに係る含有量基準を求める際に100mg/日を採用したことになる．これらの報告は全て外国のものであった．

150mg/kgのカドミウムを含む土壌を100mg/日摂食するのであるから，カドミウムを15μg/日摂食したことになる．前述のように，食品からのカドミウム摂取量は，農林水産省(http://www.maff.go.jp/cd/PDF/an6.pdf)によれば1998～01年の1人，1日当たりの平均は27(21～30)μgであり，豊田ら(1998)による1986～97年の12年間で平均29(27～36)μgであった．このように食品から平均約

30μg のカドミウムを食品から摂取しているのであるから，土壌の摂取量を加えると 45μg/日となる．JECFA によるカドミウムの PTWI である 7μg/kg 体重/週から日本人の摂取量を計算すると，摂取耐容量は 50μg/日であり，45μg/日は PTWI に極めて近い値になる．しかも最近 Järup ら (1998) は 70kg の人について 30μg/日と言う耐容値を提唱しているが，日本人（平均体重 50kg とされている）に換算すると 22μg/日となる．このように，土壌汚染対策法による土壌中カドミウム含有量基準値 150mg/kg という値は食品からの摂取を無視したものと考えられ，さらに各種有害物質による複合汚染を無視したものである．その上，先にも述べたように土壌中に生息する生物等については全く考慮していない．

日本においても，農地，森林，原野，都市を含んだ真の『土壌汚染防止法』の制定が必要である．

なお，最後に一言述べれば，都道府県知事，政令市長宛の環境省環境管理局水環境部長による『土壌汚染対策法の施行について（環水土第 20 号，平成 15 年 2 月 4 日）』のなかに「自然的原因による含有量の上限値の目安」という**表2**がある．これは表の中にも書いてあるように「全国主要 10 都市で採取した市街地の土壌の特定有害物質の含有量の調査結果の『平均値＋3σ』であるので，鉱脈・鉱床の分布地帯等の地質条件によっては，この上限値の目安を超える場合があり得ることに留意する必要がある」と書かれている．都市土壌は汚染土壌であり，平均値でも非汚染土壌の平均値より濃度が高い．しかも平均値＋3σ の値は汚染土壌の

表2 自然的原因による含有量の上限値の目安

(単位：mg/kg)

特定有害物質	砒素	鉛	ふっ素	ほう素	水銀	カドミウム	セレン	六価クロム
上限値の目安	39	140	700	100	1.4	1.4	2.0	—

※　土壌汚染状況調査における含有量の測定方法（酸抽出法等を予定）により，上限値の目安を超えた場合には，人為的原因によるものと判断する．
　土壌汚染状況調査における含有量の測定値のすべてが，表の上限値の目安の範囲内にある場合は，測定値が最も高い試料について，全量分析により含有量を求め，表の上限値の目安との比較をすることとする．
　なお，表の上限値の目安は，全国主要 10 都市で採取した市街地の土壌中の特定有害物質の含有量の調査結果を統計解析して求めた価（平均値＋3σ）であるので，鉱脈・鉱床の分布地帯等の地質条件によっては，この上限値の目安を超える場合があり得ることに留意する必要がある．

値であることは明らかである．このような表から，例えば「この土壌はカドミウム濃度が1.4mg/kgであるから非汚染である」と言うような人が出て来る可能性がある．

仄聞するところによれば土壌汚染対策法のカドミウムの含有量基準を持ち出して「この水田土壌はカドミウムが150mg/kg以下であるから非汚染である」と言った人がいたとのことである．十分注意する必要がある．

資料2　イタイイタイ病裁判以前

　イタイイタイ病裁判に至る間，神通川流域の農民は，主婦のイタイイタイ病，家族による看護，イネの減収等によって苦難を押しつけられてきた．その状況についてイタイイタイ病訴訟における『原告最終準備書面　第一　はじめに』によって見ることにしたい．この書面の全文は，イタイイタイ病訴訟弁護団編『イタイイタイ病裁判　第一巻　主張』p.281〜407（総合図書，1971）にある．なお，『イタイイタイ病裁判』は全六巻からなり，神通川流域のイタイイタイ病裁判の全貌がわかる貴重な文書である．また，この裁判の弁護人の一人であった松波淳一による『イタイイタイ病の記憶［増補改訂］』（桂書房 2003）はイタイイタイ病問題についてまとめた名著である．最近，イタイイタイ病およびカドミウム中毒の被害と社会的影響に関わる環境社会学的研究も進み，報告書（渡辺，2004）が出されている．

　イタイイタイ病裁判は，「業病」の汚名をそそぐべく，正義と人間の尊厳を懸けた壮大な戦いであった．

原告最終準備書面　第一　はじめに
1. イタイイタイ病（本人尋問調書より）
　　全身，からだも足もない，どこも痛くなって，
　　削るような，いいようのない痛み．
　　どっちへ手をやっても痛い，
　　下げれば痛いし，腹の上にあげても痛い．
　　話をしていても，息を吸っても，

針千本刺すように痛い．
くしゃみも，咳もできず，
便所でしゃがめず，しゃがめば立ち上がれない．
そのたびに涙をこぼし，じっと耐える．
つまずいて，ももたぶが，
切りとられるように痛む．
生身を切り裂く痛み，
生き地獄とはこのことだ．
医者に脈をとられて骨折し，
二人がかりの床がえしで，
ポキンと折れ，絶叫する．
イタイ，イタイ，イタイ！
軒なみにきこえる絶叫が，
「イタイイタイ病」の名を生んだ．
人間の，自然の動作が，苦痛に転化し，
つかれをいやす夜が，長く，苦しく，悲しい．
もはや，生きていることが，苦痛なのだ．
死にまさる苦しみからのがれるために，
……

2. 鉱毒の歴史と被告会社

「大正5年ないし6年に至りて鉛精錬の殷賑時代を来し，各炉より排出される煙は鹿間谷一帯をうずめ，風のまにまに四方にたなびきあたかもその全盛を謳歌するが如きも，かかる急激な増産に次ぐ増産，拡張につぐ拡張は自己の歩みにあまりに急して，その除害設備を講ずるに十全を期することあたわざりき．かくて鹿間谷より排出される煤煙は，作物にふれてはこれをむしばみ，草木にあたりてはこれを枯し，あたかもすべてのものをなめつくすが如く，うっ蒼たる青山も短時日にして惨たる姿と化し，煙の増加につれあくなき害毒は今や加速度的に地上におけるすべてのものを自己の犠牲に供するに到れり」

一見被害者の怒りにみちた告発状のようにみえるこの文章は，被告会社が自ら記録し，現在も保管している『神岡鉱業所鉱毒賠償関係沿革資料』の一節であるところに重要な意味がある．被告会社は付近住民の犠牲の上に築かれた鉱山の発

展を計り，はむかうすべてのものはなめつくすのだと宣言している．神岡の住民の土地をうばい，林業，養蚕業など地元産業を滅亡させ，鹿間村をつぶした被告会社は，それと同じやり方で富山県に侵入し，漁業，農業に甚大な被害を与え，ついに人命までも奪って平然としている．

　生産量の増加に比例し，被害は川を下り，その範囲は広がった．はじめは点，それから線へ，そして面に広がり，富山平野の中心の神通川流域一帯に被害をおよぼした．明治以来の被告会社の歴史はとりもなおさず鉱毒の歴史であり，被害者の犠牲と戦争によりこえふとってきた歴史であった．最近における資本金162億円，固定資産300億円，純利益半期14億円という巨大資本の被告会社はこうして築かれたのである．

　これはまた日本資本主義発展の歴史でもあり，日本全体の公害を象徴するものである．即ち生産量の増大につれ広範な地域へと広がっていった鉱害（公害）は，近年の高度経済成長によって飛躍的に拡大し，都市全体否日本全体を公害の被害の中にまき込んでしまったのである．いわば被告会社の侵害の延長が日本全体の巨大資本によって今，全国の隅々にまでおしよせてきており，イタイイタイ病の悲惨な先例が日本国民の明日の姿になりつつある．ここに本裁判が全国民から注目されるに至っているのである．

3. 闘いに立ち上がるまで

(1) 言語に絶するひどい被害をうけながら，被告会社に対する責任追及の火の手はなかなかあがらなかった．それは，本病が業病とか，前世の因縁だとかいわれ，周囲から忌み嫌われて自らもこれを恥じている場合には，原因究明の意慾が失われ，たまたま権利意識に目覚めたものが出現しても，周囲がこれを押さえつけてしまったことに注目する必要がある．そして本病が業病などといわれたことにより最も助かったのは，外ならぬ被告会社であり，また原因を究明して住民の生命と健康を守るべき責務をおう国や地方自治体もその批判をまぬがれたことを考えると，業病という呼び方の果たしてきた客観的意味が明白になってくるのである．

　　こうして，加害者の責任はぼかされ，被害はそのもとでますます拡大していくのである．

(2) しかし真実を求め，被告会社を疑う者が出はじめるとこれに対する種々の妨

害が始まった．萩野医師らの研究や運動がどんなに困難をきわめたかは既に顕著な事実となっている．そしてこれに権力が加担してきたのである．昭和42年になってからでさえ，被害者の代表が神岡鉱山に補償要求に行った時，門前で2時間も待たせ，その間に富山県警八尾署の警察官が参加者の身元調査をしているという驚くべき事実がある．昔はおしてしるべしである．三井にはむかうものは，お上にはむかうものとして，官憲から監視され，大衆運動は，いろいろの制約が加えられてきたのである．

　それでも被害者の団結が強まり，補償要求の運動が昂まってくると「嫁のきてがなくなる」とか「米が売れなくなる」と云って内部から足を引いた．そのために闘いへの決起は一そう困難をきわめたものである．

(3) 原告小松みよには一人息子がいる．適齢期をむかえた今，何回も縁談がありながらいつも破談した．母親がイタイイタイ病の患者であり，背が30センチもちぢんでしまった不具者であることが唯一の理由である．小松みよはこの子が幼い時に身動きが出来なくなったため，食事や身のまわりの世話をさせてきた．「母親らしいことを何一つ出来なかっただけでなく，こんなにつらい思いをさせている」となきながら証言し，法廷を涙でつつんだのはつい先日のことである．「裁判でさわぐと嫁の来てがなくなる」という被害者の決起を抑える力は今なお厳然と被害地域に根をはり，重くのしかかっているのである．

　カドミウム米の汚名も同様である．婦中米の名は全国に拡がり，地域住民の作った米は倉庫にねむっている．食糧管理制度が変わったら，この地域の農業経営はたちまちにして全面的に破綻する．そして，農民の人達の不安は深まっている．現在も「裁判でさわいだからこんなことになったのだ」という非難がしつように原告らに加えられている．

(4) このようながんじがらめの体制の中から立ち上がることは極めて勇気を要することであった．しかも，天下の大三井を相手に，今まで被害者が勝ったこともないような闘いをいどむことはなかなか住民全体の意識とならなかった．こういう地域でうかつに立ち上がることは村八分の可能性さえもっていた．また負けたらこの土地にいられなくなることもこの土地の人達の実感であった．イタイイタイ病対策協議会の総会の席上小松義久会長は「もし負けたら戸籍をたたんでいかなければならない」と発言し，思わず声をつまらせ

た．参加者一同も共に泣いた．この闘いは「戸籍をかけた闘い」なのである．
(5) こんな困難がありながらも原告は立ち上がった．一人一人が自覚し数えきれない会合を重ねる中で次第に団結をかため自信もつけてきた．

それは「こんな痛みを嫁や孫に味わせたくない」という患者の共通した願いと，最愛の妻や母を亡くした人々がその無念をはらしたいという切望によるものである．被害者は被告会社に完全な補償をさせることにより，この世から公害をなくしていく第一歩にしたいと念じて裁判提起に踏み切ったのである．

(6) しかし原告らは当初から裁判を考えていたのではない．被告会社は話せばわかる相手だと考え「天下の大三井です．逃げもかくれもいたしません．公の機関が少しでも三井金属に責任があると認められればこちらから出向いて支払います」という言葉を信じて帰ってくるほどであった．

また従前そうしてきたように，行政に頼り，これに陳情を重ねてきた．しかしいずれも裏切られ，反対に被告会社は国をも動かす力をもっていることを思い知らされ，自らの力で闘いとらねばならぬことに気づき，裁判以外に解決の道はないとして訴を提起したのである．

この裁判にかけた被害住民の期待は大きい．（以下略）

おわりに

　日本は，一般環境の住民にイタイイタイ病のような重篤な公害病患者が発生した世界で唯一の国である．その理由は，日本には非鉄金属鉱山が多く，過去においても，現在においてもカドミウムの環境への放出量が極めて多かったためであると考えられる．しかも，イタイイタイ病患者についても，神通川流域以外の患者は政府による認定をうけておらず，何らの公的支援もなかった．また，イタイイタイ病の前駆症状であるカドミウム腎症についても何らの支援もない．

　以上で見てきたように，日本における食品中カドミウム基準値決定等に対する政府のやり方は，虚構の上に成り立っていると言っても過言ではあるまい．

　しかし，これでは一般国民は救われない．問題を解決するためには，被害を受けているあるいは受ける可能性のある住民とまともな科学者，法律家とが協力して，政府・自治体・公害企業を追いつめて，ひとつひとつ要求を勝ち取っていく必要があろう．

　カドミウム公害については次の要求が必要であろう．すなわち，現在考えられているカドミウム摂取耐容量と現実の摂取量との差は非常に小さい．したがって，

① 2003年におけるCCFACの最大レベル案を受け入れ，日本における食品中カドミウムの最大基準値とすべきである

② 食品中カドミウム濃度および摂取カドミウム量のモニタリングを継続的に行い，その結果を公表すべきである

③ カドミウムによる健康被害者を救済するために，腎障害および神通川以外のイタイイタイ病患者を公害病として認定すべきである

④ カドミウム公害をなくすために，カドミウムの環境への放出をなくすべきである．そのためには，当面，カドミウムの生産量・消費量を減らし，カドミ

ウムのリサイクル率を高め，カドミウムの放出を厳しく制限すべきである．
将来は真に必要な場合を除いて，カドミウムの使用を禁止すべきである．
また，生態系の保全のために，
① 土壌，水などあらゆる環境物質中のカドミウム濃度のモニタリングとその結果の公表も必要である
② 農地，林地，原野，都市を含む真の土壌汚染防止法の確立と，それの厳正実施が必要である．

2004年秋に，『健康』（アグレプランニング）という雑誌から原稿を依頼されたので，「106歳で現役研究者の話」を書いた．以下はその全文である．

「東京大学農学部農業経済学科の教授であった近藤康男先生は2005年1月1日で満106歳になられる．私は農芸化学科の学生であったので直接講義を受けたことはなかったが，小柄な精悍な感じのするお姿を時々拝見したことがあった．

先生には75冊もの著書があるが，2001年102歳の時に『三世紀を生きて』を農文協から出版された．当時は農文協図書館の理事長であり，週3回電車とバスを乗り継いで通勤しておられた．また，自宅の庭はほとんど畑にし，ご家族が食べる野菜を自給していたとのことである．

先生は『長寿の秘訣は長命の家系に生まれること』とユーモラスな発言をされているが，長寿の家系生まれだけで元気に長生きできるものでもあるまい．先生の元気で長生きの秘訣は，10時間の睡眠，適度の労働・運動，各種の社会活動，さらに目的意識を持って問題を追求する姿勢であるとお見受けした．

先生の研究対象は一貫して農村・農民の貧しい生活をいかに解放・向上させるかにある．『三世紀を生きて』に書かれているが，先生が古在由直『足尾銅山鉱毒の研究』（農学会会報，第16号，55～96頁，1892）を読んで学んだことは『自然科学者の場合においても，その研究対象として何を選ぶかについて階級性があり，それについての闘争があるに相違ない．いわんや社会科学を志す場合においてをや』ということであったという．

私は35年前からカドミウムなど有害金属による環境汚染の研究に取り組んでいる．先生の生活態度を見習い『三世紀を生きて』というわけにはいかないが，100歳になった時に『二世紀を生きて』でも書こうと考えている今日この頃である」

古在由直の論文は本書でも引用している．

2005年11月1日　我孫子にて

浅 見 輝 男

引用文献

＊日本語または英文の本の全体を引用する場合は○○頁または pp. ○○，一部を引用する場合は p. ○-○ と表示した

【A】

秋田県 (1982a) 昭和 56 年度環境白書, p.167-185.

秋田県 (1982b) 小坂地域農用地土壌汚染対策計画書（基礎資料）, p.45-61.

Alloway, B. J. (1995) Cadmium; *in* Heavy Metals in Soils, 2nd ed.(Alloway B. J. ed.), p.122-151, Blackie Academic & Professional, London, Glasgow, Weinheim, New York, Tokyo, Merbourne, Madras.

安中公害原告団・安中公害弁護団 (1991) 東邦亜鉛安中製錬所立入調査の手引き, 102 頁.

Anwar, R. A., Langham, R. F., Hoppert, C. A., Alfredson, B. V., and Byerrum, R. C. (1961) Chronic toxicity studies III. Chronic toxicity of cadmium and chromium in dogs, Arch. Environ. Health, **3**: 456-460.

浅見輝男 (1972) 日曹金属株式会社会津製錬所の排煙, 排水に含まれるカドミウム, 亜鉛, 鉛および銅による水田土壌汚染, 土肥誌, **43**: 339-343.

浅見輝男 (1987) 都市ゴミ焼却場周辺における水稲玄米のカドミウムによる汚染, 人間と環境, **13**(2): 3-13.

浅見輝男 (2001) 日本土壌の有害金属汚染, 401 頁, アグネ技術センター.

浅見輝男 (2002a) 日本土壌特に火山灰土のカドミウム濃度, 人間と環境, **28**: 10-20.

浅見輝男 (2002b) 1970 年におけるカドミウム使用工場の排水中カドミウム濃度と排出量 -通商産業省公害保安局の調査から-, 金属, **72**: 334-338.

浅見輝男 (2004) 土壌の悪化とその防止・修復, 農業農学の展望-循環型社会に向けて-(21 世紀農業・農学研究会編), p.65-76, 東京農大出版会.

浅見輝男・本間 愼・田辺晃生・畑 明郎 (1981) 生野鉱山などから排出されたカドミウム, 亜鉛, 鉛, 銅による市川・円山川底質の汚染, 土肥誌, **52**: 433-438.

浅見輝男・本間 愼・田辺晃生・畑 明郎 (1982) 生野鉱山などから排出されたカドミウム, 亜鉛, 鉛, 銅による市川・円山川流域水田土壌の汚染, 土肥誌, **53**: 507-512.

浅見輝男・本間 愼・和田利之・中島恭一・久保田正亜 (1983) 生野鉱山などから排出されたカドミウムによる市川・円山川流域水田産米の汚染, 土肥誌, **54**: 30-36.

引用文献

【B-G】

微量重金属調査研究会(1970)米のカドミウムの安全基準についての報告(1970.7.24), 3頁.

茅野充男(1973)重金属の吸収時期および吸収経路と水稲玄米中への重金属のとりこみ量との関係, 土肥誌, **44**: 204-210.

土壌中のダイオキシン類に関する検討会(1999)土壌のダイオキシン類に関する検討会 第一次報告(平成11年7月), 93頁.

土壌の含有量リスク評価検討会(2001)土壌の直接摂取によるリスク評価等について (2001.8), 20頁.

土壌汚染対策審議会(1971)第一回土壌汚染対策審議会会議録, p.58-59.

Elkins, H. B. (1959) The Chemistry of Industrial Toxicology, 2nd ed., p.34-39, 256, John Wiley and Sons Inc., New York.

Friberg, L., Piscator, M., Norberg, G. F. and Kjellstrom, T. (1974) Cadmium in the Environment, 2nd ed., p.87, p.110-111, CRC Press, Inc. Cleveland, Ohio.

Friberg, L., Elinder, C-G., Kjellstrom, T., Nordberg, G. F. (1985) Cadmium and Health, Vol. 1, p.183, CRC Press, Inc., Boca Raton, Florida.

群馬県(1980頃)渡良瀬川流域地域農用地土壌汚染対策計画書, 24頁.

群馬県農業試験場(1970)昭和44年度碓氷川流域環境汚染対策調査 碓氷川流域土壌・農作物中のカドミウム等に関する分析調査並びに改良対策試験成績(昭和45年3月), 53頁.

【H】

萩野 昇・吉岡金市(1961)イタイイタイ病の原因に関する研究について, 日整外会誌, **35**: 812-815.

萩野 昇(1974)イタイイタイ病の非カドミウム説に対する反論, 労働の科学, **29** (7): 54-62.

Hart, B.A. Bertram, P. E. and Scaife, B.D. (1979) Cadmium transport by *Chlorella pyrenoidosa*, Environ. Res., **18**: 327-335.

長谷川栄一・島 秀之・斎藤益郎・龍野栄子(1995)重粘土水田における多孔質ケイカルのカドミウム吸収抑制効果, 宮城県農業センター研究報告, No.**61**: 13-32.

橋本道夫(2005)イタイイタイ病と厚生省見解, 第23回イタイイタイ病セミナー講演集, p.24-32.

畑 明郎(1997)金属産業の技術と公害, 411頁, アグネ技術センター.

Hayano, M., Nogawa, K., Kido, T., Kobayashi, E., Honda, R., Turitani, I.(1996) Dose-response relationship between urinary cadmium concentration and β_2-microglobulinuria using logistic regresion analysis, Arch. Environ. Health, **51**:162-167.

姫野誠一郎(2002)カドミウムとマンガン―意外な金属どうしの相互作用, 医学のあゆみ, **202**: 920.

平田 熙 (1988) 安中製錬所周辺地域における降下煤塵中カドミウム, 亜鉛量と耕地土壌の再汚染について (1988.9.25), 13頁.

本間 愼・八幡広志・中谷敏太郎 (1977) 秋田県小坂町製錬所周辺の重金属汚染, 人間と環境, **3** (1): 22-27.

本間美文・平田 熙 (1974) 水稲の生育収量およびカドミウム亜鉛銅含有量におよぼす重金属添加の影響, 土肥誌, **45**: 368-377.

本間美文・平田 熙 (1976) イネの生育およびカドミウムの吸収移行におよぼす亜鉛共存の影響, 土肥誌, **47**: 314-320.

本間美文・平田 熙 (1977) イネのカドミウム吸収移行におよぼす亜鉛の影響, 土肥誌, **48**: 49-52.

Honma, Y. and Hirata, H.(1978) Noticeable increase in cadmium absorption by zinc deficient rice plants, Soil Sci. Plant Nutr., **24**: 295-297.

兵庫県 (1972) 生野鉱山周辺地域農用地土壌汚染対策計画 (案), 7頁.

【I-J】

IPCS (1992) Environmental Health Criteria **134**, Cadmium, pp.280, WHO, Geneva.

石川県 (1979) 石川県環境白書　昭和54年版, p.286-293.

石川県 (1983) 石川県環境白書　昭和58年度版, p.217-229, 272.

石川県厚生部 (1976) 梯川流域住民健康調査報告書, 104頁.

石川昌男・津田公男・平山 力・石川 実・吉原 貢・小林 登 (1974) 土壌の重金属汚染に関する研究, 第1報 七会村塩子地区水田土壌の重金属汚染の実態, 茨城県農業試験場研究報告, No.15：121-130.

イタイイタイ病弁護団 (2003) イタイイタイ病とカドミウム汚染のたたかい, 公害弁連第32回総会議案書, p.33-36.

伊藤秀文・飯村康二 (1974) カドミウム汚濁水による土壌汚染の可能性－水質基準との関連－, 土肥誌, **45**: 571-576.

伊藤秀文・飯村康二 (1975) 土壌の酸化還元状態の変化と水稲のカドミウム吸収応答, 土肥誌, **46**: 82-88.

伊藤秀文・飯村康二 (1976) 水稲によるカドミウムの吸収・移行および生育障害－亜鉛との対比において, 重金属による土壌汚染に関する研究 (第1報) 北陸農業試験場報告, No.19:71-139.

伊藤正志 (2004) 秋田県におけるイネを用いたファイトレメディエーション研究概要, 季刊肥料, No.**98**: 56-60.

伊藤純雄 (2004) 転換畑でダイズのカドミウム濃度を下げる工夫, 農業技術, **59**: 203-207.

岩元明久 (1999) 神通川流域における土壌復元事業の経過と展望, カドミウムの環境汚染と対策における進歩と成果 (能川浩二・倉知三夫・加須屋 実編) p.148-151, 栄光ラボラトリー.

Iwata, K., Saito, H., Moriyama, Y., Nakano, A. (1991) Association between renal tublar dysfunction and mortality among residents in a cadmium polluted area, Nagasaki, Japan, Tohoku J. Exp.Med., **164**: 93-102.

Järup, L., Berglund, M., Elinder, K.G., Nordberg, G., Vahter, M. (1998) Health effects of cadmium exposure - a review of the literature and a risk estimate, Scand. Work Environ. Health, **24**: suppl. 1:1-52.

Johnson, M. D., Kennedy, N., Stoica, A., Hilakivi-Clark, L., Singh, B., Chepko, G., Clark, R., Sholler, P. F., Lirio, A. A., Foss,C., Reiter, R., Trock, B., Paik, S. & Martin M.B. (2003) Cadmium mimics the in vivo effects of estrogen in the uterus and mammary gland, Nature Medicine, **9**: 1081-1084.

【K】

鎌田 慧 (1970) 隠された公害－イタイイタイ病を追って－，281頁，三一書房．

神岡浪子 (1987) 日本の公害史，291頁，世界書院．

カーメン，D.H., ハッセンザール，D.H., 中田俊彦訳 (2001) リスク解析学入門, p.123, シュプリンガー・フェアラーク東京．

金井 徹 (1971) 銅公害の歴史とその対策，近代農業における土壌肥料の研究（日本土壌肥料学会編），第2集, p.15-24.

兼岡一郎・井田喜朗 (1997) 火山とマグマ, p.72, 東京大学出版会．

加須屋 実 (1999a) 日本におけるカドミウム汚染と人体影響－神通川流域：イタイイタイ病の疫学所見－，カドミウム環境汚染の予防と対策における進歩と成果（能川浩二・倉知三夫・加須屋 実編），p.14-20, 栄光ラボラトリー．

加須屋 実 (1999b) イタイイタイ病を頂点とするカドミウムの人体影響に関する研究の将来展望, カドミウム環境汚染の予防と対策における進歩と成果（能川浩二・倉知三夫・加須屋 実編），p.115-119 栄光ラボラトリー．

Khoshgoftar, A. H., Shariatmadari, H., Karimian, N., Kalbasi, M., Zee, S.E.A.T.M., and Parker, D. R. (2004) Salinity and zinc application effects on phtoavailability of cadmium and zinc, Soil Sci. Soc. Am. J., **68**: 1885-1889.

計 東風・本間 慎・久野勝治 (1993) カドミウム処理した三種の植物の乾物生長とカドミウム吸収に及ぼすマンガンとニッケルの影響，人間と環境，**19**: 132-140.

城戸照彦 (1999) 日本におけるカドミウム汚染と人体被害－石川県梯川流域－, カドミウム環境汚染の予防と対策における進歩と成果（能川浩二・倉知三夫・加須屋 実編），p.30-34 栄光ラボラトリー．

Kido, T., Shaikh, Z. A., Kito, H., Honda, R., and Nogawa, K. (1993) Dose-response relationship between total cadmium intake and methallothioneinuria using logistic regression analysis, Toxicol., **80**: 207-215.

木下弘志 (2003) 土壌汚染規制の国際比較，安全工学，**42**: 367-374.

金属鉱山会・日本鉱業協会 (2004) カドミウム, 鉱山, **57** (7): 111-117.
金属鉱山会・日本鉱業協会 (2005) カドミウム, 鉱山, **58** (7): 110-116.
小林 純 (1971) 水の健康診断, 206 頁, 岩波書店.
小林 純・森井ふじ・村木茂樹 (1975) キレート剤による汚染土壌からのカドミウムの除去, 労働の科学, **30** (10): 31-37.
小林 剛 (2001) 土壌汚染の現状と今後の課題, 安全工学, **40**: 161-167.
河野俊一 (1976) 産米中カドミウム濃度と各種検査の有所見率の関係について, 梯川流域住民健康調査報告書(石川県厚生部), p.94-99.
厚生省環境衛生局公害部公害課 (1968) イタイイタイ病とその原因に関する厚生省の見解(附属資料)(昭和43年5月8日), 18 頁.
厚生省環境衛生局公害部 (1970) カドミウム環境汚染要観察地域における 44 年度研究・調査の要約及び厚生省の見解と今後の対策(昭和45年7月7日), 23 頁.
古在由直 (1892) 足尾銅山鑛毒ノ研究, 農学会会報, No.**16**: 55-96.
久保田正亜 (1990) 土壌-植物系における有害金属の分布と挙動, ぶんせき, No.**3**:188-193.

【L-M】

Longanathan, P., Hedley, M. J., Grace, N. D., Lee, J., Cronin, S. J., Bolan, N. S., and Zanders, J.M. (2003) Fertilizer contaminants in New Zealand grazed pasture with special reference to cadmium and fluorine: a review, Aust. J. Soil Res., **41**:501-532.

牧野知之 (2004) 洗浄法によるカドミウム汚染土壌の修復, 季刊肥料, No.**98**: 52-55.
増井正芳・金丸日支男・竹迫 紘・都田紘志・難波一郎・高橋英昭 (1971) 水稲玄米のカドミウム汚染度と乾田日数との関係, 東京都農業試験場研究報告, No.**5**: 1-5.

Matsuda, T., Kobayashi, E., Okubo, Y., Suwazono, Y., Kido, T., Nishijo, M., Nakagawa, H., and Nogawa, K. (2002) Association between renal dysfunction and mortality among residents in the region around the Jinzu River basin polluted by cadmium, Environ. Res., 88: 56-163.

松本直治・日暮規夫・三好 洋 (1976) 都市塵芥焼却場周辺水田の重金属汚染, 千葉県農業試験場研究報告, No.**17**: 140-149.
松波淳一 (2003) イタイイタイ病の記憶(増補改訂), 305 頁.
森下豊昭・穴山 彊 (1974) 神通川流域におけるカドミウム汚染土壌の復元方法に関する試験-客土層の層厚が水稲のカドミウム吸収に及ぼす影響-, 重金属等による土壌〜植物系汚染の機構とその除染に関する基礎的研究(熊澤喜久雄編), p.51-59.

Morishita, T. (1981) The Watarase River Basin: Contamination of the environment with copper discharged from Ashio Mine, *in* Heavy Metal Pollution in Soils of Japan(Kitagishi, K., and Yamane, I. eds.), p.165-179, Japan Scientific Societies Press.

森下豊昭・西 知巳・香川邦雄・太田安定 (1986) 同一圃場からのジャポニカ, インディカ, ジャワ, および交雑型水稲 66 品種産米中のカドミウム自然賦存濃度, 日本土壌肥料学雑誌, **57**: 293-296.

Morishita, T., Fumoto, N., Yoshizawa, T., and Kagawa, K. (1987) Varietal differences in cadmium levels of rice grains of Japonica, Indica, Javanica, and hybrid varieties produced in the same plot of a field, Soil Sci. Plant Nutr., **33**: 629-637.

森次益三・小林 純 (1963) 生体内における微量金属の研究（第2報）白米中のカドミウムの含有量，農学研究, **50**: 37-49.

Moschandreas, D. J., Krauchit, S., Berry, M. R., O'Rourke, M. K., Lo, D., Lebowitz, M. D., and Robertson, G. (2002) Exposure apportionment: Ranking food items by their contribution to dietary exposure, J. Expos.Anal. Environ. Epidemiol., **12**: 233-243.

【N】

長崎県 (1984) 昭和59年版環境白書, p.92-106.

長崎県重金属汚染原因調査班報告 (1973) 長崎県厳原町佐須川・椎根川流域におけるカドミウム等重金属による環境汚染の原因調査報告書（昭和48年3月), 108頁.

長崎県対馬支庁農務課 (1979) 県営公害防除特別土地改良事業佐須地区計画概要書.

中地重晴 (2005) 有害化学物質の排出量は本当に減ったのだろうか？―疑問の残る第3回PRTRデータ公表―, ニュースレター（ダイオキシン・環境ホルモン対策国民会議), Vol.**35**: p.8.

Nakagawa, H., Tabata, M., Morikawa, Y., Senma, M., Kitagawa, Y., Kawano, S., Kido T. (1990) High mortality and shortened life-span in patients with Itai-itai disease and subjects with suspected disease, Arch. Environ. Health, **45**: 283-287.

Nakagawa, H., Nishijo, M., Morikawa, Y., Tabata, M., Sena, M., Kitagawa, Y., Kawano, S., Ishizaki, M., Sugita, N., Nishi, M., Kido, T., Nogawa, K. (1993) Urinary β_2-microguloblin concentration and mortality in a cadmium polluted area, Arch. Environ. Health, **48**: 420-435.

Nakashima, K., Kobayashi,E., Nogawa, K., Kido, T., Honda, R.(1997) Concentration of cadmium in rice and urinary indicators of renal dysfunction, Occup. Environ. Med., **54**: 750-755.

中島征志郎・小野末太 (1979) 対馬の重金属汚染に関する調査研究, 長崎県総合農業試験場研究報告, No.**7**: 339-385.

日本土壌協会 (1984) 土壌汚染環境基準設定調査―カドミウム等重金属自然賦存量調査解析―, 211頁.

日本環境学会食品中カドミウム基準値検討専門委員会 (2003) 食品中カドミウムの基準値に関する検討―コーデックス食品添加物・汚染物質部会の審議状況に関連して―, 人間と環境, **29**: 122-146.

日本環境学会食品中カドミウム基準値検討専門委員会 (2004) コーデックス食品添加物・汚染物質部会による食品中カドミウム濃度の最大基準値（案）に対する日本政府による修正案の問題点, 人間と環境, **30**: 60-89.

日本公衆衛生協会 (1968) イタイイタイ病の原因に関する研究(昭和43年3月27日), 73頁.

日本公衆衛生協会 (1969) カドミウム等微量金属による環境汚染に関する研究（昭和44年

3月20日), 67頁.

日本公衆衛生協会 (1970) 要観察地域におけるカドミウムの摂取と蓄積に関する研究 (昭和45年3月30日), 49頁.

西口 猛 (1966) 渡良瀬川流域における鉱毒水改善に関する実験的研究 (その1), 農業土木学会論文集, No.**17**: 34-37.

西口 猛 (1968) 渡良瀬川流域における鉱毒水改善に関する実験的研究 (その2), 農業土木学会論文集, No.**23**: 1-8.

西口 猛・大谷俊夫 (1969) 渡良瀬川流域における鉱毒水の改善に関する研究 (その3), 農業土木学会論文集, No.**28**: 29-34.

Nishijo, M., Nakagawa, H., Morikawa, Y., Tabata, M., Senma, K., Takahara, H., Kawano, S., Nishi, M., Mizukoshi, K., Kido, T., Nogawa, K. (1995) Mortality of inhabitants in a area polluted by cadmium: 15 years follow up, Occup. Environ. Health, **52**: 181-184.

能川浩二 (2004) イタイイタイ病発生のカドミウム暴露量の推定, カドミウムの健康影響に関する研究 (日本公衆衛生協会, 平成16年3月), p.1-33.

能川浩二・石崎有信・小林悦子・稲岡宏美・柴田市子 (1975) 兵庫県市川流域の Cd 汚染地住民の腎障害に関する研究, 日本衛生学雑誌, **30**: 549-555.

Nogawa, K., Ishizaki, A., Fukushima, M., Shibata, I., and Hagino, N. (1975) Studies on the women with acquired Fanconi syndrome observed in the Ichi River basin polluted by cadmium, Is this Itai-itai Disease? Environ. Res., **10**: 280-307.

Nogawa, K., Yamada, Y., Honda, R., Ishizaki, M., Tsuritani, I., Kawano, S., and Kato, T. (1983) The relation bwtween Itai-itai disease among inhabitants of the Jinzu River basin and cadmium in rice, Toxicol. Lett., **17**: 263-266.

Nogawa, K., Turitani, I., Kido, T., Honda, R., Yamada, Y., and Ishizaki, M. (1987) Mechanism for bone disease found in inhabitants environmentally exposed to cadmium: decreased serum 1α, 25-dihydrooxyvitamin D level, Int. Arch. Occup. Environ. Health, **59**: 21-30.

Nogawa, K., Honda, R., Kido, T., Tsuritani, I., Yamada, Y., Ishizaki, M., and Yamada, H. (1989) A dose-response analysis of cadmium in the general environment with special reference to total cadmium intake limit, Environ. Res., **48**: 7-16.

農林省農政局 (1972) 昭和46年度土壌汚染防止対策調査成績 (昭和47年9月), 139頁.

農林省農蚕園芸局 (1973) 昭和47年度土壌汚染防止対策調査成績 (昭和48年11月), 197頁.

農林省農蚕園芸局 (1974) 昭和48年度土壌汚染防止対策調査成績 (昭和49年12月), 193頁.

【O-R】

尾川文朗 (1994) 秋田県における水稲のカドミウム汚染の実態とその被害軽減に関する研究, 秋田農試研究報告, No.**35**: 1-64.

Oo, Y. K., Kobayashi, E., Nogawa, K., Okubo, Y., Suwazono, Y., Kido, T., Nakagawa, H. (2000) Renal effects of cadmium intake of a Japanese general population in two areas unpolluted by cadmium, Arch. Environ. Health, **55**: 98-103.

Osawa, T., Kobayashi, E., Okubo, Y., Suwazono, Y., Kido, T., and Nogawa, K. (2001) A retrospective study on the relation between renal dysfunction and cadmium concentration in rice in individual hamlets in the Jinzu River basin, Environ. Res., **86**: 51-59.

大竹俊博 (1992) カドミウム汚染土壌における水稲カドミウム吸収およびその抑制に関する研究, 山形県農業試研場特別報告, No.**20**: 1-75.

Roberts, A.H.C., Longhurst, R.D., Brown, M.W. (1994) Cadmium status of soils, plants, and grazing animals in New Zealand, New Zealand J. Agric. Res., **37**: 119-129.

【S】

佐伯和利・桜井恵子・井上博道 (2003) カルシウム飽和させたカオリナイトとベントナイトのイオン交換選択係数, 土肥誌, **74**: 653-656.

Saeki, K. (2004) Divalent heavy metal selectivity coefficients on kaolinite and bentonite, Clay Sci., **12**: 305-310.

斎藤寛・塩路隆治・古川洋太郎・有川卓・斎藤喬雄・永井謙一・道又勇一・佐々木康彦・古山隆・吉永馨 (1975) カドミウム環境汚染にもとづく慢性カドミウム中毒の研究：秋田県小坂町細越地区住民に多発したカドミウムによる腎障害（多発性近位尿細管機能異常症）について, 日本内科学雑誌, **64**: 1371-1383.

Saito, H., Shioji, R., Hurukawa, Y., Nagai, K., Arikawa, T., Saito, T., Sasaki, Y., Furuyama, T. and Yoshinaga, K. (1977) Cadmium-induced proximal tubular dysfunction in a cadmium-polluted area, Contributions to Nephrology, **6**: 1-12.

斎藤寛・竹林茂夫・原田孝司・原耕平 (1993) 慢性カドミウム中毒―長崎県対馬厳原町佐須地区における20年間の疫学的, 臨床的, 病理組織学的調査研究報告, 485頁, 長崎大学医学部第2内科.

斎藤祐二・高橋和夫 (1978a) 農用地における重金属汚染の解析に関する研究, 第3報 水稲のカドミウム吸収・移行に及ぼす亜鉛の影響, 四国農業試験場報告, No.**31**: 87-110.

斎藤祐二・高橋和夫 (1978b) 農用地における重金属汚染の解析に関する研究, 第4報 水稲幼植物のカドミウム吸収, 移行に及ぼす無機栄養状態および他重金属の影響, 四国農業試験場報告, No.**31**: 111-132.

Sherlock, J. and Walters, B. (1983) Dietary intake of heavy metals and its estimation, Chem. Ind., 4 July, 505-508.

柴田市子 (1975) 兵庫県市川流域カドミウム汚染地区における骨軟化症と人体影響の実態, 人間と環境, **1**(1): 22-30.

柴田市子 (1977) 生野イタイイタイ病, 146頁, 神崎書店.

Sugita, M., Izuno, T., Tatemichi, M., and Otahara, Y. (2001) Cadmium absorption from smoking cigarettes: Calculation using recent findings from Japan, Environ. Health Preven. Med.,

6:154-159.

Suwazono, Y., Kobayashi, E., Okubo, Y., Nogawa, K., Kido, T., and Nakagawa, H. (2000) Renal effects of cadmium exposure in cadmium unpolluted areas in Japan, Environ. Res., 84:44-55.

Suzuki, S., Taguchi, T. and Yokohashi, G. (1969) Dietary factors influencing upon the retention rate of orally administered $^{115m}CdCl_2$ in mice, Ind. Health, **7**: 155-162.

【T】

高田新太郎編著 (1975) 安中公害－農民闘争40年の証言－, 261頁, お茶の水書房.

Takeda, A., Kimura, K., Yamasaki, S.(2004)Analysis of 57 elements in Japanese soils, with special reference to soil group and agricultural use, Geoderma, **119**: 291-307.

瀧口益史 (2004) カドミウムの内分泌撹乱作用：生体内のエストロゲン受容体を騙せ, ファルマシア, 40:258-259.

Takijima, Y., Katsumi, F., and Koizumi, S. (1973) Cadmium contamination of soils and rice plants caused by zinc mining, V. Removal of soil cadmium by a HCl-leaching method for the control of high Cd rice, Soil Sci. Plant Nutr., **19**: 245-254.

竹内 啓 (1973) 許容基準の定め方－汚染に対する安全基準の問題－, 応用統計学, **3**: 1-13.

館川 洋 (1975) 植物を利用した土壌中のカドミウムの除去方法, 農業土木学会誌, **43**: 674-677.

館川 洋 (1978) 福島県における水田の重金属, 特にカドミウム汚染の解析とその対策に関する研究, 福島農試特別研究報告, No.1: 1-64.

館川 洋・菅家文左衛門 (1985) 重金属土壌汚染による農作物被害の解析に関する研究（第14報）大気型Cd汚染地の復旧田における10年目の追跡, 日本土壌肥料学会講演要旨集第**31**集, p.162.

富山県（日付なし）：県営公害防除特別土地改良事業計画書（神通川流域第二次地区）, 54頁.

豊田正武・松本りえ子・五十嵐敦子・斎藤行生 (1998) 日本における環境汚染物の1日摂取量の推定およびその由来の解析, 食品衛生研究, **48**(9) : 43-65.

Travis, C. C. and Haddock, A.G. (1980) Interpretation of the observed age-dependency of cadmium burdens in man, Environ. Res., **22**: 46-60.

Trevors, J.T., Strantton, G.W. and Gadd, G.M. (1986) Cadmium tranport, resistance, and toxicity in bacteria, algae, and fungi, Can. J. Microbiol., **32**: 447-464.

Trzcinka,-Ochocka, M., Jakubowski, M., Razniewska, G., Halatek, T., and Gazewski, A. (2004) The effects of environmental cadmium exposure on kidney function : the possible influence of age, Environ. Res., **95**: 143-150.

通商産業省公害保安局 (1970a) カドミウム使用工場廃水実態調査の結果について（昭和45年度調査）, 昭和45年11月, 14頁.

通商産業省公害保安局 (1970b) 参考資料, カドミウム使用工場水質分析結果一覧（昭和

45年度調査),45年11月1日,21頁.
Tynecka, Z., Gos, Z., and Zajac, J.(1981a) Reduced cadmium tranport determined by a resistance plasmid in *Staphyrococcus aureus*, J. Bacteriol., **147**: 305-312.
Tynecka, Z., Gos, Z., and Zajac, J. (1981b) Energy-dependent efflux of cadmium coded by a plasmid resistance determinant in *Staphylococcus aureus*, J. Bacteriol., **147**: 313-319.

【W】

和田光史(1981)土壌粘土によるイオンの交換・吸着反応,土壌の吸着現象(日本土壌肥料学会編),p.5-57,博友社.
渡辺伸一(2004)イタイイタイ病およびカドミウム中毒の被害と社会的影響に関わる環境社会学的研究(平成16年3月),279頁,奈良教育大学教育学部 渡辺伸一研究室.
Watanabe, T., Kasahara, M., Nakatsuka, H. and Ikeda, M. (1987) Cadmium and lead contents of cigarettes produced in various areas of the world, Sci. Total Environ., **66**: 29-37.
Watanabe, Y., Kobayashi, E., Okubo, Y., Suwazono, Y., Kido, T., Nogawa, K. (2002) Relationship between cadmium concentration in rice and renal dysfunction in individual subjects of the Jinzu River basin determined using a logistic regression analysis, Toxicol., **192**: 93-101.
WHO (1993) Guidelines for Drinking Water Quality, 2nd ed. Vol.1, Recomendation, p.44.

【Y】

山田 要(1979)銅鉱山・亜鉛製錬工場による土壌汚染の実態解析,土壌汚染の機構と解析(渋谷政夫編著),p.1-37,産業図書.
Yamanaka, O., Kobayashi, E., Nogawa, K., Suwazono, Y., Sakurai, I., and Kido, T. (1998) Association between renal effects and cadmium exposure in cadmium-nonpolluted area in Japan, Environ. Res., **77**: 1-8.
柳澤宗л・新村善男・山田信明・瀬川篤忠・喜田健治(1984)神通川流域における重金属汚染の実態調査と土壌復元工法に関する研究,富山農試研究報告,No.**15**: 1-110.
吉田光二・杉戸智子(2004)有機物資材を利用したダイズのカドミウム吸収抑制技術,新しい研究成果,北海道地区,2002,141-144.
吉川年彦・直原 毅・吉田徹志・日下昭二(1979)水稲の無機栄養と微量重金属元素の特異吸収に関する研究(第1報)無機元素添加によるカドミウムの吸収抑制試験,兵庫県農業総合センター研究報告,No.**28**: 115-118.
吉川年彦・直原 毅・吉田徹志・田中平義・日下昭二(1981)水稲の無機栄養と微量重金属元素の特異吸収に関する研究(第2報)マンガン資材施用によるカドミウム吸収抑制試験,兵庫県農業総合センター研究報告,No.**29**: 55-58.
吉川年彦・直原 毅・田中平義(1986)水稲のカドミウム吸収抑制に対するマンガンの効果,土肥誌,**57**: 77-80.
吉川年彦(1990)元素の微細分布にもとづく植物の生理障害発生診断に関する研究,兵庫県立中央農業技術センター特別研究報告,No.**14**: 1-130.

索　引

*索引項目については簡略化等のために，本文・図表キャプションと異なる表現をしている箇所もある．

【アルファベット】
ADW ……………………………… 4
CAC ……………………………… 4
CCFAC …………………………… 4
DW ………………………………… 4
EDTA …………………………… 65
FAO ……………………………… 4
FW ………………………………… 4
IPCS ……………………………… 4
JECFA …………………………… 4
PRTR制度 ……………………… 117
PTWI …………………………… 4
WHO ……………………………… 4

【あ行】
亜鉛濃度 ………………………… 40
明延川底質 ……………………… 24
明延鉱山（市川・円山川流域）……… 20
足尾銅山（渡良瀬川流域）………… 33
アミノ酸 …………………………… 7
アンドソル ……………………… 90
安中製錬所（碓氷川流域）………… 39
安中地域調査 …………………… 95
生野鉱山（市川・円山川流域）…… 20
イタイイタイ病 ………………… 1, 6
―――――患者：市川流域 … 7, 15, 24
―――――　　：梯川流域 … 7, 15, 30

イタイイタイ病患者：小坂鉱山周辺 … 15
―――――　　：佐須川・椎根川流域
　　　　　　　　　　　…… 7, 15, 27
―――――　　：神通川流域
　　　　　　　　　　…… 1, 6, 15, 18, 19
―――――　　原因 ……………… 7
―――――　　裁判以前 ……… 128
―――――　　訴訟原告最終準備書面 128
―――――　　発生カドミウム曝露量 109
―――――　　本態 ……………… 6
―――――　　臨床像 …………… 7
市川・円山川流域（生野鉱山等）…… 7, 20
碓氷川流域（安中製錬所）………… 39
馬の健康への影響 ……………… 19
上乗せ基準（排水）……………… 46
上乗せ客土法 …………………… 67
エストロゲン作用 ……………… 10
塩化カルシウム ………………… 66
尾小屋鉱山（梯川流域）………… 28
汚染灌漑水中カドミウム水田への集積 45
汚染水田（安中地域）…………… 95
―――――土壌の修復法 ……… 59
汚染畑土壌 ……………………… 61

【か行】
海産二枚貝 ……………………… 74
改良資材投入 …………………… 59

索　引

家禽肉……………………………… 72
梯川流域（尾小屋鉱山）………… 7, 28
火山活動…………………………… 90
火山性土…………………………… 92
果実………………………………… 72
火成活動…………………………… 90
カソード亜鉛……………………… 42
カドミウム：骨に与える機序…… 9
────：汚染源………………… 113
────：鉱山…………………… 113
────：焼却場………………… 118
────：製品製造工場………… 114
────：製錬所………………… 113
────吸収：水稲……… 50, 52, 55
────と移行…………………… 51
────抑制……………………… 59
────：改良資材投入………… 59
────：還元状態……………… 62
────集積……………………… 45
────消費量…………………… 120
────除去……………………… 62
────：化学的方法………… 62, 65
────：生物学的方法………… 62
────：農業土木的方法… 62, 67
────生産量…………………… 119
────生物学的半減期………… 102
────摂取耐容量………… 107, 110
────摂取量……………… 76, 87
────濃度：安中製錬所……… 40,
────：市川・円山川流域…… 21
────：梯川流域……………… 29
────：小坂鉱山……………… 32
────：佐須川・椎根川流域… 26
────：指定地域……………… 15

カドミウム濃度：神通川流域…… 17, 68
────：日曹金属会津製錬所… 43
────：非汚染火山灰土中…… 89
────：渡良瀬川流域………… 37
────最大基準値… 72, 75, 88, 107
────最大レベル……………… 74
────代替最大濃度案………… 103
────曝露：健康影響………… 5
────：生命予後……………… 9
────溶解性変化……………… 48
────溶出……………………… 49
神岡鉱山（神通川流域）………… 16
神子畑選鉱所（市川・円山川流域）…… 20
カラミ……………………………… 25
潅漑水……………………………… 11
環境ホルモン的作用（→内分泌攪乱作用）
還元状態…………………………… 62
────土壌……………………… 49
乾田日数…………………………… 56
拮抗作用…………………………… 51
客土深……………………………… 68
吸着………………………………… 47
　　重金属の──……………… 47
　　特異──…………………… 47
牛・豚・羊肉……………………… 72
許容基準値………………………… 71
近位尿細管障害……………… 7, 80
金属酸化物………………………… 47
原告最終準備書面………………… 128
玄米（0.4 以上 1.0mg/kgADW 未満）… 81
公害対策基本法…………………… 12
国民栄養調査……………………… 98
国民栄養調査から19歳以下除外理由　101
古在由直…………………………… 17, 36

索　引

小坂鉱山地域 …………………………… 30
骨改変層 ………………………………… 8
骨粗鬆症 ………………………………… 7, 8
骨軟化症 ………………………………… 7, 8
小林　純 ………………………………… 6, 17
小麦粒 …………………………… 72, 73, 74
コメ中カドミウムの最大レベル …… 74
――――――――――――：
　EU・オーストラリア・タイ・韓国・台湾・
　中国 ………………………………… 74
コメ中カドミウムの摂取耐容量 … 107, 110
――――――――――濃度最大基準値 …… 75
米流通安心確保対策事業実施要綱 …… 81
――――――――――――要領 …… 82
根菜・茎菜 ………………………… 72, 73, 74
コンフリー ……………………………… 63

【さ行】

再汚染 …………………………………… 44
作物中カドミウム濃度・代替最大濃度案
　………………………………………… 103
佐須川・椎根川流域（対州鉱山）…… 7, 24
酸化還元電位 …………………………… 48, 55
酸化状態土壌 …………………………… 50
糸球体機能障害 ………………………… 8
シバ ……………………………………… 63
修復法：汚染水田土壌の ……………… 59
植物修復 ………………………………… 62
食品中カドミウム許容基準値 ………… 71
――――――――規制 ………………… 71
食用キノコ ……………………………… 72
腎障害 …………………………………… 7
人体内カドミウム：生物学的半減期 … 102
神通川流域（神岡鉱山） ……………… 6, 16
水耕 ……………………………………… 50

水質基準 ………………………………… 46
水稲によるカドミウムの吸収 ……… 50, 55
スライム ………………………………… 20
ズリ ……………………………………… 25
セイタカアワダチソウ ………………… 63
精米 ………………………………… 72, 73, 74
石灰類 …………………………………… 59
摂取耐容量 …………………………… 107, 110
セロリアック …………………………… 72
相乗作用 ………………………………… 51

【た行】

大気降下物 ……………………………… 11
対州鉱山（佐須川・椎根川流域）…… 24
大豆（乾燥）…………………………… 72
多孔質ケイカル ……………………… 60, 61
タバコ中カドミウム …………………… 112
中間解析報告書 ………………………… 83
――――――――：推計方法 ………… 85
――――――――：用いた資料 ……… 97
低分子量蛋白質 ………………………… 7
電気鉛 …………………………………… 42
東京都農業試験場 ……………………… 55
頭足類 …………………………………… 72, 74
銅濃度 …………………………………… 35, 37
動物細胞 ………………………………… 55
特定有害物質 ……………………… 12, 124, 126
土耕 ……………………………………… 50
土壌汚染対策審議会 …………………… 94
――――――対策法 …………………… 122
――――――――：特徴 ……………… 123
――――――防止法（＝農用地の土壌の汚染
　防止等に関する法律）……………… 12
土壌の酸化還元電位 …………………… 55
土壌有機物 ……………………………… 47

土性……………………………………… 12
【な行】
内分泌攪乱作用………………………… 10
中瀬鉱山（市川・円山川流域）……… 20
軟体動物…………………………… 72, 73
日曹金属会津製錬所（日橋川流域） 42, 62
新田裕史………………………………… 83
日橋川流域（日曹金属会津製錬所）… 42
日本政府意見……………………… 83, 84
────：問題点………… 87, 105
ニュージーランド土壌………………… 92
尿中カドミウム排泄量………………… 76
妊婦率……………………………… 98, 99
粘土鉱物………………………………… 47
農用地土壌汚染対策進捗状況………… 13
────────地域位置……… 14
農用地の土壌の汚染防止等に関する法律
　（＝土壌汚染防止法）…………… 12
【は行】
ハーブ…………………………………… 72
廃滓堆積場……………………………… 20
排土客土深……………………………… 69
──────法……………………… 67
灰吹法製錬……………………………… 25
萩野　昇…………………………… 1, 17
畑作物…………………………………… 54
馬肉……………………………………… 72
ばれいしょ………………………… 72, 73, 74
非汚染火山灰土中カドミウム濃度…… 89
比重選鉱………………………………… 25
微生物…………………………………… 55
微量重金属調査研究会………………… 78
ファイトレメディエーション（→植物修復）
ヘビノネコザ…………………………… 63

細倉鉱山（宮城県）…………………… 60
【ま行】
松木村……………………………… 33, 38
マンガン濃度……………………… 53, 54
ミクログロブリン………………… 8, 101
────────有症率……… 102
【や行】
野菜……………………………… 72, 73, 74
谷中村…………………………………… 33
陽イオン交換…………………………… 47
要観察者………………………………… 7
葉菜……………………………… 72, 73, 74
吉岡金市…………………………… 1, 17
吉木法…………………………………… 8
【ら行】
落花生…………………………………… 72
硫化カドミウム………………………… 62
硫化水素………………………………… 48
硫酸……………………………………… 35
龍蔵寺…………………………………… 38
リン酸資材……………………………… 59
──────肥料施肥…………… 11
類骨……………………………………… 8
レチノール結合蛋白質………………… 8
【わ行】
渡良瀬川流域（足尾銅山）…………… 33
ワラビ…………………………………… 63

図表一覧

【図】

図2.1	カドミウム曝露量増加にともなう各種健康影響	5
図3.1	農用地土壌汚染対策地域位置図	14
図3.2	a) 神通川流域水田土壌中のカドミウム濃度（神岡鉱山）	18
	b) 神通川流域のイタイイタイ病および同病が疑われる者の集落別有症率（神岡鉱山）	18
図3.3	神通川流域集落平均コメ中カドミウム濃度と女性（50歳以上）の有症率（神岡鉱山）	19
図3.4	市川水系底質のカドミウム濃度と生野鉱業所からの距離	21
図3.5	市川・円山川流域水田作土の平均カドミウム濃度（生野鉱山）	22
図3.6	市川・円山川流域水田産玄米の平均カドミウム濃度（生野鉱山）	23
図3.7	佐須川・椎根川流域水田土壌のカドミウム汚染の概況（対州鉱山）	26
図3.8	梯川流域水田作土のカドミウム濃度（1974年細密調査）（尾小屋鉱山）	29
図3.9	政府買入れ梯川流域産米（1974年）のカドミウム濃度（尾小屋鉱山）	29
図3.10	秋田県の休廃止鉱山，重金属汚染地の分布	31
図3.11	製錬所周辺の山地および畑表層土のカドミウム濃度（小坂鉱山）	32
図3.12	小坂町細越地区水田作土のカドミウム濃度の水平分布（小坂鉱山）	32
図3.13	渡良瀬川流域・カドミウム汚染地の概略（足尾銅山）	36
図3.14	安中畑作土中カドミウムの地理的分布（安中製錬所）	41
図3.15	水田作土中カドミウム濃度の地理的分布（日曹金属会津製錬所）	43
図3.16	水田作土中カドミウムの濃度と玄米中カドミウム濃度との関係（日曹金属会津製錬所）	43
図4.1	a) 土壌中における硫化物の生成とカドミウムの溶出	49
	b) 土壌の酸化還元電位とカドミウムの溶出	49
図4.2	水稲のカドミウム吸収と玄米収量	50
図4.3	水稲茎葉部と根部のポットあたりカドミウム吸収総量および分布	52
図4.4	玄米中のカドミウムとマンガン濃度	53
図4.5	玄米中カドミウム，マンガン濃度と土壌中交換性マンガン濃度	54
図4.6	水田作土中カドミウム濃度と水稲玄米，小麦子実中カドミウム濃度	56

図4.7	9月の「乾田」日数とカドミウム濃度	57
図4.8	水管理と土壌中カドミウム－玄米中カドミウムの対応	58
図7.1	カドミウム摂取量と尿中カドミウム排泄量	76
図8.1	碓氷川・柳瀬川流域における水田土壌およびコメ採取地点	95
図10.1	主要国のカドミウム生産量	119
図10.2	主要国のカドミウム消費量	120

【表】

表3.1	農用地土壌汚染対策の進捗状況	13
表3.2	健康被害が認められた5指定地域の土壌と玄米のカドミウム濃度	15
表3.3	神通川流域土壌汚染対策地域内の玄米，土壌中カドミウム濃度（神岡鉱山）	17
表3.4	佐須川・椎根川流域水田および畑土壌のカドミウム濃度（対州鉱山）	27
表3.5	渡良瀬川沿岸農用地の作物被害状況および作土中銅，硫酸濃度（足尾銅山）	35
表3.6	渡良瀬川流域土壌汚染対策地域の土壌中銅・カドミウム濃度および玄米中カドミウム濃度（足尾銅山）	37
表3.7	安中水田作土のカドミウム，亜鉛濃度（安中製錬所）	40
表3.8	安中産玄米のカドミウム，亜鉛濃度（安中製錬所）	40
表3.9	安中産夏野菜のカドミウム濃度（安中製錬所）	41
表4.1	亜鉛を含む水耕液中で35日間生育した水稲の乾物重とカドミウム濃度	53
表4.2	マンガン資材施用が玄米中カドミウム濃度と交換性マンガン濃度に及ぼす影響	54
表5.1	土壌改良資材によるカドミウム吸収抑制効果（1971）	60
表5.2	重金属汚染水田に生育した植物の乾物重とカドミウム除去率（1974）	63
表5.3	神通川流域汚染水田における客土深と玄米中カドミウム濃度（神岡鉱山）	68
表5.4	排土客土深と玄米中のカドミウム含有率との関係	69
表6.1	カドミウムの最大基準値案	72
表6.2	第27回コーデックス委員会総会終了時点のカドミウムの基準値案	73
表6.3	カドミウムの最大レベル案	74
表8.1	シナリオ別カドミウム摂取量分布推計値	86
表8.2	カドミウム最大基準値の提案	88
表8.3	土壌の種類別カドミウム濃度（0.1M HCl 浸出法）	91
表8.4	カドミウムで汚染された火山灰土と非火山灰土で栽培されたコメ中カドミウム濃度	92
表8.5	碓氷川・柳瀬川流域におけるコメおよび水田土壌中の重金属分析成績	96
表8.6	国民栄養調査（平成7～12年）の年齢層別人数	98
表8.7	19歳以下および妊婦の人数・比率	99
表8.8	年齢別食品等摂取量・摂取比率（平成7から12年国民栄養調査から）	100

表8.9	梯川流域のカドミウム汚染地と石川県内非汚染地における性, 年齢による β_2-ミクログロブリンの有症率	102
表9.1	尿中カドミウム濃度およびコメ中カドミウム濃度の耐容値	108
表10.1	工場規模別排水中カドミウム濃度	115
表10.2	排水中カドミウム濃度ワースト10	115
表10.3	工場規模別カドミウム排出量	116
表10.4	カドミウム排出量ワースト10	117
表 1	土壌汚染対策法における特定有害物質および指定区域の基準値	124
表 2	自然的原因による含有量の上限値の目安	126

【写真】

写真2.1	寝たきり72ヵ所の骨折があった患者	6
写真3.1	神岡鉱山鹿間工場	16
写真3.2	足尾銅山	34
写真3.3	龍蔵寺境内の旧松木村の無縁石塔	38
写真3.4	東邦亜鉛安中製錬所	39

■著者略歴
浅見 輝男（あさみ てるお）
　1955年　東京大学農学部農芸化学科卒業
　1957年　東京大学大学院化学系研究科農芸化学専門課程修了
　1959年　東京大学農学部 助手
　1972年　茨城大学農学部 助教授
　1980年　茨城大学農学部 教授（〜1998）

茨城大学名誉教授
日本学術会議会員（第6部）（1994〜2003）
日本環境学会副会長（1994〜2001）
日本環境学会会長（2001〜2005）

農学博士
専攻：環境土壌学

■著　書
　Heavy Metal Pollution in Soils of Japan (1981) 学会出版センター（共著）
　Changing Metal Cycles and Human Health (1984) Springer-Verlag（共著）
　Chemistry and Biology of Solid Waste (1988) Springer-Verlag（共著）
　土壌の有害金属汚染—現状・対策と展望 (1991) 博友社（共著）
　Biogeochemistry of Trace Metals (1997) Science Reviews（共著）
　データで示す—日本土壌の有害金属汚染 (2001) アグネ技術センター

カドミウムと土（つち）とコメ
2005年12月26日　初版第1刷発行

著　者　浅見　輝男 ©

発行者　比留間柏子

発行所　株式会社 アグネ技術センター
　〒107-0062　東京都港区南青山 5-1-25 北村ビル
　電話 03 (3409) 5329・FAX 03 (3409) 8237
　振替 00180-8-41975

印刷・製本　株式会社 平河工業社

落丁本・乱丁本はお取替えいたします。
定価は表紙カバーに表示してあります。

Printed in Japan, 2005
ISBN 4-901496-28-X C3051